日本农山渔村文化协会宝典系列

果树繁育
一本通

[日]小池洋男　编著

刘汉域　译

机械工业出版社

CHINA MACHINE PRESS

果树繁育有实生繁育和营养繁育两种方法。实生繁育是从种子开始培育，果树果实的大小、味道、颜色等遗传特性各异，适合用于砧木或新品种的培育；而营养繁育能够在不改变果树遗传性状的前提下通过嫁接法、扦插法、压条法等，实现苗木大量繁育。

本书选取13类有代表性的树种，详细介绍了果树繁育的实际操作方法，更有苗木繁育过程中的护理要点等能保证繁育成功的小技巧，读者可以了解果树培育的奥秘，轻松掌握果树繁育相关技术，逐步向果树繁育高手迈进，并在其中获得果树培育的乐趣。本书适合广大果农及相关技术人员使用，也可供农林院校相关专业的师生参考阅读。

DAREDEMO DEKIRU KAJUNO TSUGIKI·SASHIKI·TORIKI-JOZUNA NAEGI NO TSUKURI KATA
by KOIKE HIROO

北京市版权局著作权合同登记　图字：01-2021-5299号。

图书在版编目（CIP）数据

果树繁育一本通 /（日）小池洋男编著；刘汉域译. —北京：
机械工业出版社，2023.4
（日本农山渔村文化协会宝典系列）
ISBN 978-7-111-72326-4

Ⅰ.①果… Ⅱ.①小… ②刘… Ⅲ.①果树 – 繁育 Ⅳ.①S660.38

中国国家版本馆CIP数据核字（2023）第010704号

机械工业出版社（北京市百万庄大街22号　邮政编码100037）
策划编辑：高　伟　周晓伟　责任编辑：高　伟　周晓伟　刘　源
责任校对：张亚楠　张　薇　责任印制：张　博
保定市中画美凯印刷有限公司印刷
2023年6月第1版第1次印刷
169mm×230mm·6.75印张·124千字
标准书号：ISBN 978-7-111-72326-4
定价：39.80元

电话服务　　　　　　　　网络服务
客服电话：010-88361066　机 工 官 网：www.cmpbook.com
　　　　　010-88379833　机 工 官 博：weibo.com/cmp1952
　　　　　010-68326294　金 书 网：www.golden-book.com
封底无防伪标均为盗版　　机工教育服务网：www.cmpedu.com

序

果蔬业属于劳动密集型产业，在我国是仅次于粮食产业的第二大农业支柱产业，已形成了很多具有地方特色的果蔬优势产区。果蔬业的发展对实现农民增收、农业增效、促进农村经济与社会的可持续发展裨益良多，呈现出产业化经营水平日趋提高的态势。随着国民生活水平的不断提高，对果蔬产品的需求量日益增长，对其质量和安全性的要求也越来越高，这对果蔬的生产、加工及管理也提出了更高的要求。

我国农业发展处于转型时期，面临着产业结构调整与升级、农民增收、生态环境治理，以及产品质量、安全性和市场竞争力亟须提高的严峻挑战，要实现果蔬生产的绿色、优质、高效，减少农药、化肥用量，保障产品食用安全和生产环境的健康，离不开科技的支撑。日本从20世纪60年代开始逐步推进果蔬产品的标准化生产，其设施园艺和地膜覆盖栽培技术、工厂化育苗和机器人嫁接技术、机械化生产等都一度处于世界先进或者领先水平，注重研究开发各种先进实用的技术和设备，力求使果蔬生产过程精准化、省工省力、易操作。这些丰富的经验，都值得我们学习和借鉴。

日本农业书籍出版协会中最大的出版社——农山渔村文化协会（简称农文协）自1940年建社开始，其出版活动一直是以农业为中心，以围绕农民的生产、生活、文化和教育活动为出版宗旨，以服务农民的农业生产活动和经营活动为目标，向农民提供技术信息。经过80多年的发展，农文协已出版4000多种图书，其中的果蔬栽培手册（原名：作业便利帐）系列自出版就深受农民的喜爱，并随产业的发展和农民的需求进行不断修订。

根据目前我国果蔬产业的生产现状和种植结构需求，机械工业出版社与农文协展开合作，组织多家农业科研院所中理论和实践经验丰富，并且精通日语的教师及科研人员，翻译了本套"日本农山渔村文化协会宝典系列"，包含葡萄、猕猴桃、苹果、梨、西瓜、草莓、番茄等品种，以优质、高效种植为基本点，介绍了果蔬栽培管理技术、果树繁育及整形修剪技术等，内容全面，实用性、可操作性、指导性强，以供广大果蔬生产者和基层农技推广人员参考。

需要注意的是，我国与日本在自然环境和社会经济发展方面存在的差异，造就了园艺作物生产条件及市场条件的不同，不可盲目跟风，应因地制宜进行学习参考及应用。

希望本套丛书能为提高果蔬的整体质量和效益，增强果蔬产品的竞争力，促进农村经济繁荣发展和农民收入持续增加提供新助力，同时也恳请读者对书中的不当和错误之处提出宝贵意见，以便修正。

赵亚夫

前言

据资料记载，古希腊时代，有一位名为狄奥弗拉斯图的哲学家、植物学家，他在随亚历山大大帝远征波斯时将苹果带回国并对苹果进行了嫁接。像这样，从古代开始，人们就不断尝试对带有优秀特性的果树进行营养繁育。

实生繁育是从种子开始培育的，果树果实的大小、味道、颜色等遗传特性各异。因此，实生繁育仅适用于砧木植物或新品种的培育。而与之相反的是营养繁育，能在不改变果实的优秀遗传特性的前提下进行繁育。嫁接法、扦插法、压条法都属于营养繁育法，通过这些繁育方法，能够在不改变果实遗传性状的前提下实现大量繁育。

本书将介绍嫁接法、扦插法和压条法，主要包含以下内容。

1）本书将向读者简明易懂地介绍各种果树繁育技术，向读者展示自主培育所带来的果树栽培的乐趣。不管是种植经验丰富的从业者，还是刚开始接触果树园艺的初学者，或是出于兴趣而想在花盆或栽培箱种植果树的爱好者，希望大家各取所需，每个人都能从本书中受益。

2）以往的果树繁育技术书籍很少记叙嫁接或扦插后的护理步骤。实际上，要使苗木成长为果树，或者使高接枝条能够确实结果，嫁接或扦插后的护理是非常关键的。本书将向读者全面介绍这些内容。

3）最后，编者通过嫁接、扦插等操作，详细介绍了果树的营养生理及特性。借由本书，相信读者能够轻松地学会营养繁育的相关技术。

本书部分内容委托了日本长野县等果树主产地的一线研究者编写。书中珍贵的图表等资料的收集也得益于各方的帮助，在这里，我想对为本书出版做出贡献的各位表示感谢。

小池洋男

目　录

第 1 章

自主繁育果树的乐趣

第 2 章

成功、放心培育的要点

第1章

自主繁育果树
的乐趣

果树繁育能够给人们带来无穷乐趣，特别是适合不同种类果树的嫁接法或扦插法，掌握后能让我们体会到更多果树栽培的乐趣。繁育的首要目的是增加我们想要的品种，也能够借此改变果树的各种性质。

例如：

① 使果树早结果。

② 将果树培育成易管理的小型树。

③ 增强树木抗寒及抗病虫害能力。

④ 提高果实糖度和品质等。

据说以前亚历山大大帝曾从高加索带回苹果等果树，由哲学家、植物学家狄奥弗拉斯图通过嫁接进行了繁育。

◎ 记一记果树繁育的术语和方法

本章主要介绍果树繁育所带来的乐趣，不过在此之前我们先来看看果树繁育的相关术语。我们通过图 1-1 来展示乔木、灌木等树的区分，幼苗期、生长期、成熟期等果树成长阶段的名称，休眠枝、嫩枝、一年生枝条等枝芽的名称，接穗、砧木等繁育的基本用语。

繁育方法大致分为营养繁育和种子繁育。营养繁育是利用枝条或根等营养器官来培育植物体，有扦插、嫁接、压条等方法。茎尖培养法是在无菌状态下培养生长点，也是营养繁育的一种。

通过种子发芽来培育植物体的方法叫种子繁育，培养出来的植物体是实生苗。实生苗的遗传物质与母树不同，不适用于繁育已有品种。因此，种子繁育多用于嫁接用的砧木的培育，或是研究机构、种苗培育人员用于育种（品种改良）。另外，大多数果树从实生苗培育到结果需要多年时间，通过杂交获得优秀新品种的概率只有0.1%~1%，非常低，因此个人很难体验到育种的乐趣。

◎ 果树大变化——结果更早、管理更轻松、抗病能力更强、果实更好吃

由嫁接法繁育的果树，用作接穗的品种的遗传特性不会改变，不过，受砧木的影响，接穗树种的其他特性将发生很大变化。

早结果

乔木类果树（树体高大）的特征是树干和枝条或是只有树干生长，不长花芽和果

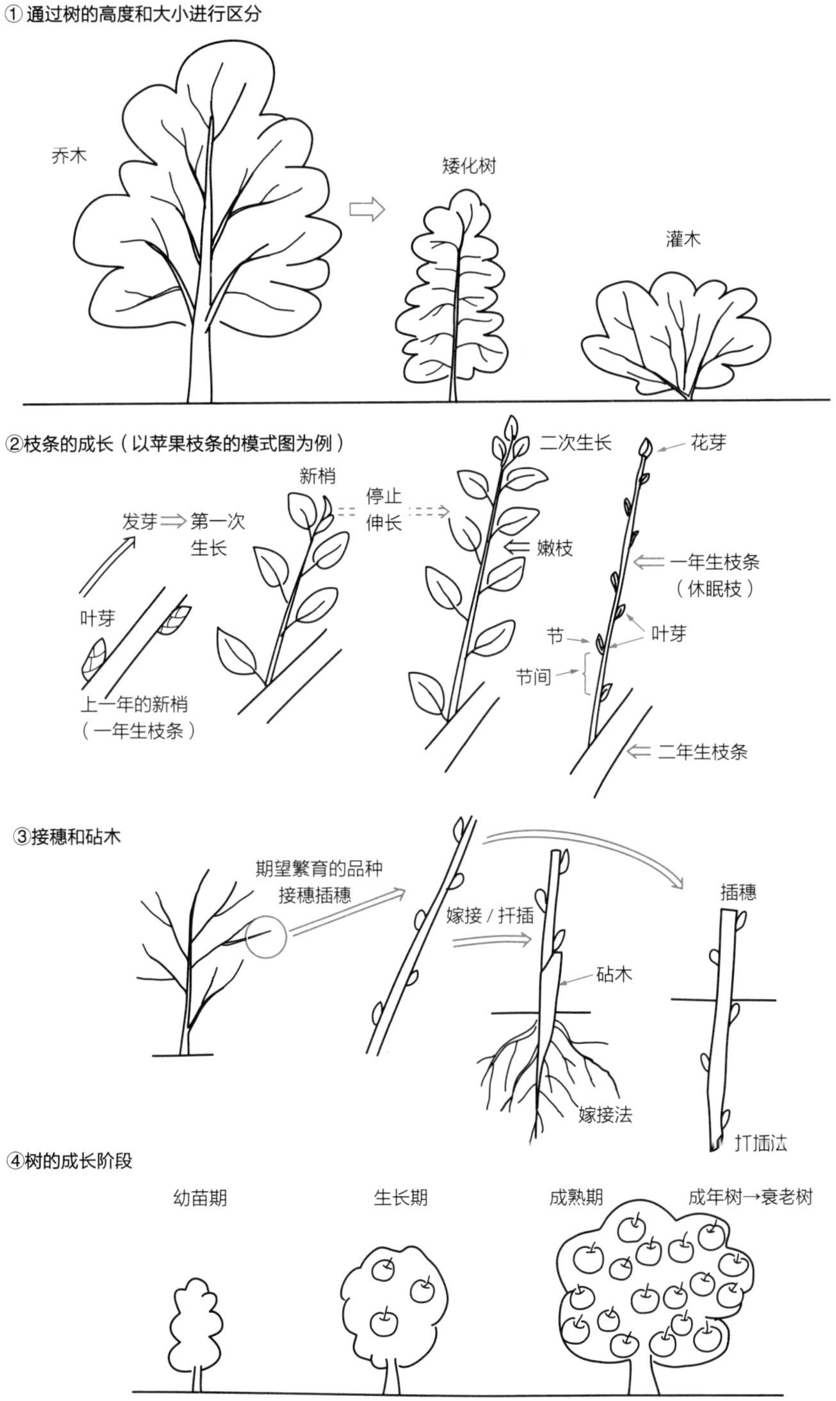

①通过树的高度和大小进行区分

乔木

矮化树

灌木

②枝条的成长（以苹果枝条的模式图为例）

二次生长 ← 花芽

新梢 　停止伸长

发芽⇒第一次生长

嫩枝

← 一年生枝条（休眠枝）

叶芽

节　叶芽

节间

上一年的新梢（一年生枝条）

← 二年生枝条

③接穗和砧木

期望繁育的品种接穗插穗

嫁接 / 扦插

插穗

砧木

嫁接法

扦插法

④树的成长阶段

幼苗期　　　生长期　　　成熟期　　成年树→衰老树

图 1-1　果树繁育的相关术语

实的年数较长。日本有句谚语是"桃栗三年柿八年"，是说这类果树从幼苗培育结果需要较长的时间，而通过将接穗嫁接到砧木上能够提早进入结果期。嫁接实生树的接穗也有同样的效果（图1-2）。

像苹果和梨等落叶果树，将它们带有花芽的休眠枝用于嫁接，在嫁接的当年便能够开花和结果。

树形小巧，
方便摘果！

"我会加油的！"

矮化砧木

"哇！已经
结果了"

图 1-2   结果更早、管理更轻松、抗病能力更强、果实更好吃带来的乐趣

将树小型化以方便作业

若将乔木类果树嫁接到砧木上，也能呈现出小型化的趋势。苹果或西洋梨等通过使用矮化砧木，长出的接穗呈现出了其他品种所没有的小型化趋势，并且在树龄尚小时便开始结果。最近，利用矮化砧木，将苹果和西洋梨小型化后密集栽培的方式也在世界范围内普及，实现了操作的省力化。通过矮化砧木实现果树的小型化，使得这些果树也可以用于园艺栽培或是盆栽培养（图1-3）。

另外，在温暖多雨的地区，新梢无法快速生长，容易长花芽，树木也容易徒长，这种情况下可通过矮化砧木使果树小型化的方法来解决。矮化砧

图 1-3   利用矮化砧木实现苹果盆栽培养

木有多个品系，从矮化到乔化，选择不同的品系，相应接穗的大小也不同。

快速大量繁育期望的品种和品系

在嫁接当中，一般多用长约 10 厘米、带有 3 个芽左右的枝条作为接穗，但是即使只有 1 个芽的短枝也是可以用于嫁接的。既然 1 个芽可行，那么带有 20 个芽的一年生枝条便可以培育出 20 株苗木。如果想繁育的品种的苗木很少，或是发现结果情况优秀的果树发生芽突变，便可以通过果树嫁接的方法快速繁育。

强化抗病虫害、抗寒、抗旱能力

果实好吃的果树，其抗病虫害的能力、适应天气和土壤条件的能力不一定也强。通过嫁接培育的果树砧木不会结果，而会把从土地吸收的营养和水分运送到接穗，接穗通过叶片进行光合作用，再将养分运送给砧木。因此，通过选择不同特性的砧木，能够培育抗病虫害能力强和抗冻、抗湿、抗旱能力强的果树。

代表性的砧木有苹果和西洋梨的矮化砧木、柑橘类的矮化砧木（枳等）、抗葡萄根瘤蚜砧木（沙地葡萄、甜冬葡萄、河岸葡萄、杂种砧木）、柿的耐寒砧木（君迁子）、梨的耐寒砧木（杜梨）等。另外，使用杜梨可以防止果实发生皱皮现象。还有桃的耐湿砧木（樱桃李）、抗大豆根结线虫砧木（冲绳、列马格、筑波系）、抗苹果绵蚜的苹果砧木（楸子、MM 系砧木）、抗火疫病的梨砧木（OH 和 OHF 等）。

着色变好，糖度提高，果实变得好吃

植物的叶片通过光合作用合成糖，并将其分配到果实、枝条、树干、树根等部位，用于果树成长、果实成长和成熟。为了提高果树的糖分配率，需要让阳光照射到果实，因此需要将果树培养成阳光能够照射到内部的繁茂树形。

采用矮化砧木嫁接实现树体的小型化，就能使阳光不仅能照到树的顶部和外周，还能到达树的下方和内部，从而增加分配到果实的糖，使果实变大、着色变好、糖度得以提高。

◎ 随时随地更新品种

通过嫁接更新品种

除了灌木，大部分乔木类果树也可以通过嫁接繁育。利用这个特性，我们可以将购买的新品种苗木的枝条或芽嫁接到已有的苗木或幼苗上，从而快速实现品种的更新（图 1-4）。

另外，即使是大树，也可以在离地面较高的位置将多个枝条嫁接到树上，以此实

给树换上新衣

树：哎哟，要给我换新衣吗？这次又是什么品种呀？

图 1-4　无论谁都能够简单地更新品种

现品种的更新，这就是以乔木为主进行的高接。高接法有嫁接到多个成熟枝条（如开花结果枝、结果枝）上的熟枝一次性更新法和在粗枝上少量嫁接的粗枝更新法。熟枝更新法虽然比较费功夫，但是能更快地完成品种的更新。高接的时候需要切掉大量的枝条，因此在培育上需要注意的事项较多（参考第 50 页）。

一株树结出多种颜色的果实

对于乔木类果树，我们可以将多个品种嫁接到同一株树上，树上的果实便有了多种颜色，既有鲜红色、深红色，又有明亮的黄色等。观感漂亮，尝起来又有各自的特点。这样一来，在果树栽培的过程中我们可以体会到 2 倍甚至 3 倍的乐趣（图 1-5）。

图 1-5　一株苹果树上结有黄色的信浓金苹果和红色的千秋苹果

嫁接中需要注意病毒病和类病毒病

苹果和梨等落叶果树会因为接穗携带的病毒而产生高接病或果斑病，也会因为类病毒而导致果实表面呈像柚子皮一样的凹凸状。我们在购买苗木时，应购买无病毒（Virus Free）的，同时应从果实没有出现病害的果树上采取接穗。使用楸子作为苹果砧木时容易出现高接病，而苹果褪绿叶斑病毒会导致果树出现高接病，因此挑选接穗时应选择不带有苹果褪绿叶斑病毒（ACLSV）的苗木。另外，从健康生长的树木或苗木上采取接穗也是一种有效的防病方法。

在对柑橘类等常绿果树嫁接时也需要注意使用无病毒、无类病毒的接穗。

◎ 一树配一法——最佳繁育组合

取下树木的树干、枝条、根等一部分进行培育，称为营养繁育，包含扦插法、嫁接法、压条法、分株法、地下茎繁育法和组织培养法等。果树的营养繁育主要采用扦插法和嫁接法。

表 1-1 展示了果树分类及相应的繁育方法，表 1-2 中展示了不同种类果树的砧木及其繁育方法。

表 1-1　果树分类及相应的繁育方法

落叶果树（小果树类）	○核果类	桃（嫁接）、樱桃（嫁接）、梅（嫁接、扦插）
	○仁果类	苹果（嫁接）、梨（嫁接）
	○坚果类	板栗（嫁接）、核桃（嫁接）、扁桃（嫁接）
	○浆果	蓝莓（扦插、嫁接）
	○树莓类	树莓（压条、根插）、黑莓（压条、根插）
	○蔓性植物	葡萄（嫁接）、猕猴桃（嫁接、扦插）
	○其他	柿（嫁接）、无花果（扦插）、石榴（扦插）
常绿果树	○木本植物	柑橘类——香橙、蜜柑、葡萄柚（嫁接）
	○其他	鳄梨（嫁接）、芒果（嫁接）、山竹（嫁接）等

表 1-2　不同种类果树的砧木及其繁育方法

苹果	楸子（扦插）、M 系砧木（压条）、JM 砧木（扦插、压条）
日本砂梨	山梨、杜梨、日本梨（实生）
西洋梨	山本砧木（实生）、昆斯砧木（扦插）、OH 中间砧（嫁接）
葡萄	Teleki 系 5BB、5C、3309（扦插）
桃	野生桃、大初桃、郁李、毛樱桃（实生），筑波系 1~6 号（实生、扦插）
李、欧洲李	李（实生）、樱桃李（扦插）
樱桃	马扎德（实生），青叶樱、考特、矮樱桃、绿樱（扦插）
梅	梅（实生）
杏	杏（实生）
柿	柿、君迁子（实生）

（续）

板栗	板栗、茅栗（实生）
猕猴桃	猕猴桃（实生）
榅桲、贴梗木瓜	榅桲、贴梗木瓜（实生）
银杏	银杏（实生）
核桃	胡桃楸、姬胡桃、核桃（实生）
温州蜜柑、柑橘类	枳、柚子、扁实柠檬、飞龙枳（实生）
枇杷	枇杷（实生）

　　苹果、梨、樱桃、柿、板栗、核桃等大多数乔木类落叶果树，采用扦插法的生根效果差，所以主要通过嫁接法来繁育。另外，枇杷、柑橘类等，以及对于灌木性的果树，如毛樱桃、枇杷、菲油果等，扦插法不利于生根，也要通过嫁接法繁育。

　　而葡萄、无花果、小果树类（如树莓类和蓝莓），以及热带果树类等果树，通过扦插法和压条法较容易繁育。对于黑莓、紫树莓、黑树莓等蔓性或半蔓性树莓类，可以在其下垂的新梢前端包上土让其生根，之后剪下来使用压条法繁育。

　　繁育葡萄时，可以用扦插法使枝条生根，然后作为砧木（称为营养系砧木），再用休眠枝或嫩枝进行嫁接（关于休眠枝和嫩枝的叫法请参考图 1-1）。另外，也可以在营养系砧木的休眠枝上进行嫁接（鞍接法），之后再整体进行扦插，使其生根。

　　苹果的繁育主要采用嫁接法，使用的砧木是楸子和 JM7 砧木（JM7 是日本果树研究所用楸子为母本、M9 为父本杂交育成的矮化砧木），利用其休眠枝，通过扦插法繁育砧木。

　　桃主要采用通过种子播种后长成的实生砧木繁育。另外，使用喷雾装置扦插嫩枝也能有效繁育。

　　李可以通过实生砧木或嫁接到营养系砧木上繁育，也可以使用基部经过萘乙酸（具有刺激植物生长的作用）处理的接穗，通过嫩枝扦插法繁育。

　　梅主要通过嫁接到实生砧木上繁育，不过在 6 月也可以使用嫩枝来繁育，扦插前对嫩枝底部用吲哚丁酸进行处理（吲哚丁酸有刺激植物生长的作用）。

　　柿主要通过嫁接到实生砧木上繁育。另外，繁育砧木也可以用根插法，建议选用处于休眠期、直径为 1 厘米左右、长 15 厘米左右的根。

　　猕猴桃可以通过嫁接法或扦插法繁育。

（小池洋男）

第 2 章

成功、放心
培育的要点

◎ 不可不知的嫁接、扦插基础知识

从切口开始成活、生根的原理

茎和枝的构造与功能

果树的嫁接，是通过切割砧木和接穗，将双方的切面接合在一起，产生养分、水分的输导组织，从而使砧木和接穗长成一个完整的植株（这个过程被称为成活）。扦插和压条等，则是使从树干、枝条、根切下的部分生根，之后将其切离本体，形成一个新的植株。这些都是利用经切割受伤的树干、枝条、根所具备的再生能力、成活能力、生根能力来实现营养繁育。

让我们来看看树木的树干结构、生长方式、再生和生根的原理。图 2-1 展示了树干的结构。在基本构造上，枝条和根也是一样的。树干由树皮（又分为表皮、皮层、皮孔）、维管束（包括木质部、形成层、韧皮部）和髓构成。维管束中间夹着形成层，形成层内侧是木质部，里面有导管；形成层外侧是韧皮部，里面有筛管。导管和筛管起着输导水分和养分的作用。形成层则进行着细胞分裂，从而使树干、枝条、根变粗。木质部比韧皮部形成更多，并逐渐往外生长，形成年轮，从而使树干变得粗壮。

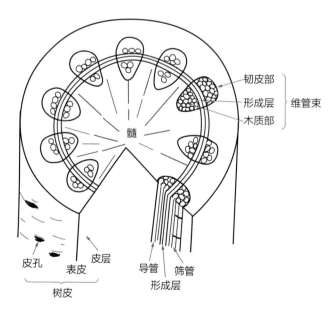

图 2-1　树干的结构

发挥关键作用的愈伤组织

受伤处的形成层（分生组织），对嫁接的成活和扦插的生根发挥着重要作用。形成层一旦受伤，便会形成治愈伤口的愈伤组织（图 2-2）。

图 2-3 用切接的例子、图 2-4 用芽接的例子说明了嫁接后从愈伤组织的形成到成活的过程。首先，在砧木和接穗（接穗或接芽）与砧木的贴合位置形成坏死细胞层。然后，在砧木和接穗的切口的形成层处会形成愈伤组织，冲破坏死细胞层。之后 2 个愈伤组织愈合，中间产生新的维管组织，维管束不断分化并生长。最后，砧木和接穗的维管束连接在一起，通过嫁接成为一个整体。这就说明成活了。

另外，扦插时切口的形成层里形成的愈伤组织会产生根原基，从而实现生根。

图 2-2　嫁接处形成的愈伤组织

①嫁接时

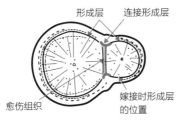

②愈伤组织的愈合

③连接形成层

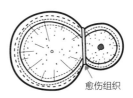

④完全成活

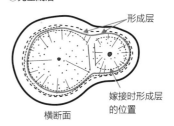

图 2-3　切接成活过程的横断面（町田　供图）

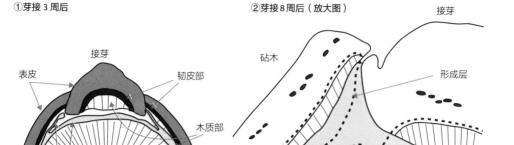

①芽接 3 周后

②芽接 8 周后（放大图）

接芽

接芽

表皮

砧木

韧皮部

形成层

木质部

木质部

愈伤组织 砧木

愈伤组织

图 2-4　苹果的 T 形芽接连接处的横断面（Mosse　等供图）

①芽接 3 周后，砧木和接芽之间形成了愈伤组织

②芽接 8 周后，接芽和砧木的缝隙中填满了愈伤组织，在愈伤组织内部出现形成层，和旧的形成层连接在一起

想要嫁接和扦插成功，首先要使用形成层发达的接穗，发达的形成层中才能形成活跃的愈伤组织。因此，要挑选优质的接穗，另外接穗的挑选方法、采取时期、保存方法都是影响因素。同时，为了促进愈伤组织形成和植株成活、生根，嫁接方法、扦插方法及环境管理也是很重要的。

培育成活、生根能力强的枝条

促进枝条成活和充实的方法

最适合嫁接、扦插的接穗，是上一年春季开始生长，并在冬季进入休眠的一年生休眠枝。如果是落叶果树（图 2-5），晚秋活动停止，夜间气温开始变成零下时便会自然落叶，变成休眠状态。像这样较早停止活动进入休眠期的枝条，它们的表皮变硬后变成树种的固有颜色（茶褐色或者巧克力色等），贮存有较多淀粉等糖分，在嫁接或扦插后愈伤组织的形成能力便较强。

图 2-5　休眠中的蓝莓一年生枝条（用于扦插）

到了晚秋活动也不停止，很久都不落叶，一直是绿色的枝条，由于氮含量较高，淀粉等糖分的存储量少，较脆弱，不耐冻害，嫁接成活或扦插生根后其生长也不具备优势，不适合用来嫁接或扦插。

可以长出充实枝芽的位置和良好枝形

一株树当中，优质枝条长在日照较好的位置，节间不发生徒长，而是短粗，芽也长得很大。相反，长在阴面的枝条特征是芽较小（图2-6），比起粗壮的底部，前端不会很粗。另外，细枝里的养分少，不利于嫁接扦插后的生长。

另外，接穗和插穗上，不带花芽而有叶芽的一年生枝条适合用作接穗和插穗。带有花芽，节间短且紧凑的枝条生长能力较弱（图2-7）。

如果使用前端附近长有花芽和底部叶芽小且较脆弱的枝条，可以将其前端或底部切除，仅使用带有较多优质芽的中间部位。

另外，有病害或冻害的枝条、细小且生长不佳的枝条、感染了病毒或类病毒的枝条、干燥后树皮呈褶皱状或是木质部和形成层出现褐变、已经发芽的枝条都不适合用作接穗。

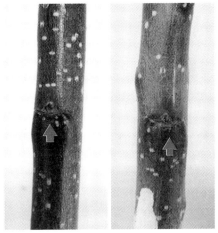

图2-6　苹果枝条上较大的优质芽（左）和小芽（右）

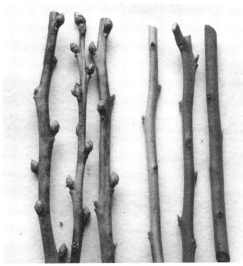

图2-7　蓝莓长有优质叶芽的一年生枝条（左）和带有花芽不适合用作接穗的枝条（右）

管理母株以获取优质接穗

在第 1 章的图 1-1 的④中我们介绍了果树的一生大致分为幼苗期、生长期、成熟期。在生理特征上，幼苗期和生长期表现为幼苗成长态，成熟期表现出成熟态，而中间过渡时期表现出中间态。处于幼苗成长态的果树的枝条迅速生长延长，不太长花芽；而处于成熟期的果树，其枝条生长减弱，多长花芽。另外，即使是处于成熟期的同一株果树，不同的部位也可能呈现出不同的状态，既有表现出幼苗成长态的部位，也有中间态和成熟态的部位。果树呈现出幼苗成长态的部位所长出的枝条（图 2-8），其生根能力较强，但是枝条容易徒长；处于中间态的部位所长出的枝条，其优质芽较多，且兼具生长能力和生根能力。

需使用大量接穗和插穗时，应培育专用的母本，每年都对母本进行剪枝，让母本能够长出新梢。在这种情况下，母本容易呈现出幼苗成长态，枝条容易徒长，因此要让枝条接受充分的日照，注意不要过多使用含氮肥料。

保存接穗的环境

如果使用的接穗是休眠枝，应该在春季发芽之前采取。如果距离嫁接扦插还有一段时间，可以将采取下来的接穗用较厚的塑料袋装好密封，放在 0~5℃ 的环境中冷藏保存，不要让其干燥。

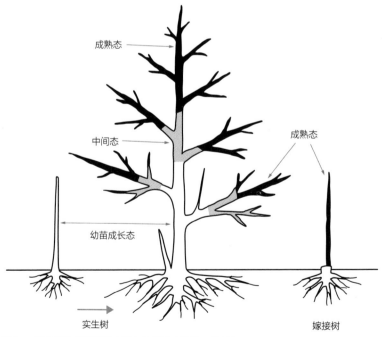

图 2-8 实生树与嫁接树在本质上的差异（熊代 供图）
实生树达到成熟态所需的时间较长，而嫁接树在最初就能达到成熟态

冷藏保存可以避免由干燥带来的接穗质量下降，同时还能够防止由发芽所带来的养分消耗。如果和果实或蔬菜一起保存，果实和蔬菜所产生的乙烯气体有可能促进或者阻碍芽的生长，因此应避免将接穗与果实和蔬菜放在一起。

在采取下来的接穗上贴上标签，注明品种名称、采取日期、采取位置等。

当用新梢的芽和嫩枝作为接穗时

如果使用新梢的芽用于芽接法，8 月中旬 ~9 月是最佳操作时期，这时枝条生长停止，养分充足，而且夏季到秋季是树液流动最旺盛的时期，也是砧木的树皮容易脱落的时期。在操作时应注意，一般枝条底部的芽生长不佳，要使用从新梢中间部位剪切下来的芽。

落叶果树等使用新梢作为接穗进行嫁接称为嫩枝嫁接，进行扦插则称为嫩枝扦插。这种情况下要注意等新梢停止生长且开始变硬（即成为熟枝）时再进行操作，并且要使用其中间养分充足的部位。

◎ 嫁接的小技巧

嫁接时要削掉砧木和接穗的树皮，使两者的树皮和木质部中间的形成层（分生组织）贴在一起。砧木和接穗的形成层之间会形成之前提到的愈伤组织，愈伤组织内会形成新的维管束，连通接穗与砧木，使养分、水分流动，从而实现嫁接成活，接穗开始生长。图 2-9 展示的就是用苹果的休眠枝进行嫁接，成活后发芽的状态。

适宜的嫁接时期，接穗的选取和保存

嫁接相关知识和适用时期

挖出砧木后在室内等场所嫁接，这种方法叫掘接，而直接接在带土的砧木上的嫁

图 2-9　苹果休眠枝的嫁接（左）及发芽情况（右）

接方法叫地接。掘接的好处是能争取到更多的操作时间，如果是落叶砧木，挖出深秋至早春处于休眠状态中的砧木进行嫁接后暂时种下，或者放在地下室或冰箱中，确保环境湿润，在0~5℃下保存，可在春季过后种植。

相对的，用休眠枝作为接穗时，适合地接的时期是砧木根系开始活跃生长的时期（在日本长野县是4~5月）。

一般认为核桃、美洲山核桃、核果类（桃、梅、杏等）这样的树种形成愈伤组织的能力较弱，实施嫁接较为困难。对于这些树种，为了促进愈伤组织形成，可以将嫁接推迟至气温上升的晚春，或者嫁接前先将挖出的砧木在温床上栽培，这些都是有效的方法。

芽接法中，切除新梢的芽最适宜的时期是8月中旬~9月。如前文所述，这个时期砧木的树液流动活跃，接穗的芽也很饱满，因此愈伤组织形成和苗木成活都很快。

要防止休眠枝接穗发芽和干燥

落叶果树的休眠枝在发芽时会消耗枝条中贮存的养分，所以如果接穗选用了已经开始发芽的休眠枝，其中贮存的养分就会在发芽过程中被消耗，用于形成愈伤组织所需的养分不足，嫁接部位的成活状态就不理想。因此，插入接穗一定要在发芽以前。

另外，如果树木枝条的切口等破损部位处于干燥状态，则无法形成愈伤组织，所以贮存休眠枝条时要注意抑制发芽、避免环境干燥。即便嫁接的是刚刚剪切下的接穗，操作时也要用湿布把它裹住，防止干燥。这样更有利于愈伤组织的形成。

连接砧木与接穗粗细相近的地方

嫁接时砧木与接穗形成层的接触面积越大，愈伤组织形成就更旺盛，成活也更快。特别是切接时，砧木和接穗的长短最好一致，选取接穗时不仅要考虑枝条的饱满度，还有粗细程度（图2-10）。如果接穗选用了一年生休眠枝，砧木最好是一至三年生的，茎约有小拇指粗细。

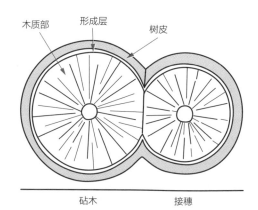

图2-10　接穗和砧木的连接方法

在实际的果树繁育当中，也经常把粗细不同的接穗和砧木嫁接在一起。植物可以在形成层的有限连接处形成愈伤组织，剥皮嫁接或者芽接就利用了这一特性。剥皮嫁接是指剥去粗壮砧木的树皮，把接穗插到暴露出来的形成层上的方法，而芽接是把芽插到形成层上。夏季砧木树液的流动更加活跃，树皮更易剥下，这样能够促进愈伤组织和维管束的形成。

嫁接操作要点

切口平整，与形成层完美贴合

多数树种切接的操作如图 2-11 所示。

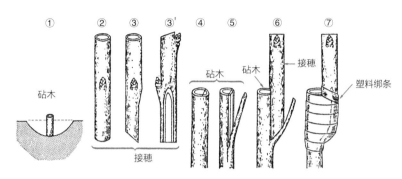

图 2-11　切接的操作（熊代　供图）

①在地际处切断砧木　②将接穗每隔 2~3 个芽切成一小段　③③' 切除树皮，再斜切背面树皮，露出形成层　④为使砧木一侧平滑，先轻轻切削　⑤切下外层，露出形成层　⑥贴合接穗与砧木形成层　⑦用塑料绑条绑扎

　　为促进形成愈伤组织和成活，要紧密贴合砧木和接穗的形成层，不留空隙，剪切时不破坏形成层很重要。因此，要使用刀刃锋利的嫁接刀（图 2-12），切出平滑的切面（图 2-13）。

　　为加大形成层的贴合部位，倾斜切出截面，使形成层暴露的面积更大。接穗与砧木粗细不同时可以斜切，让一侧的形成层紧紧地贴合砧木。

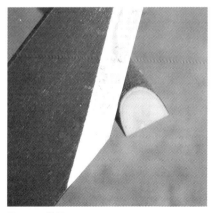

图 2-12　嫁接刀

图 2-13　用锋利的刀切削形成平滑的切面

最关键的一点在于防止干燥——使用嫁接绑条

嫁接成功的关键是尽早促进形成层长成。为此，嫁接后最重要的是切勿让贴合部位的形成层干燥，或者渗入雨水，这样才能尽快使形成层长成。因此，需要如图 2-14 所示将嫁接处用绑条扎紧，涂上涂层剂（糊）并密封。嫁接处最好用塑料制的绑条，而且为防止干燥或过于潮湿，也可以用石蜡封口膜缠绕整个接穗。

图 2-14 嫁接处用绑条扎紧并密封（以苹果高接为例）

如果拉伸塑料绑条，绑扎时就会收缩，绑得更紧。但是如果把绑条卷成绳状，第二年春季就会被吃进枝条里，所以一定要平展地绑扎。当砧木和接穗粗细不同时，用绑条被拉伸的一侧接触形成层，能更好地贴合。

用石蜡处理切口并套上塑料袋

密封露出切口的受伤部位、防止干燥十分重要。对于不能用绑条包扎的伤口，可以涂上石蜡或甲基硫菌灵等涂层剂，形成薄膜，防止水分流失。

为了防止接好的接穗和贴合部位干燥，可以套上用于嫁接的塑料袋，如图 2-15 所示。袋内温度升高会促进愈伤组织形成，也有加速接穗发芽，促进生长的作用。

在套上塑料袋之前，不要忘记用绑条缠住切削后的嫁接部位，并在切口处涂上涂层剂。

套上塑料袋后，还需偶尔观察接穗新梢的长势，并在新梢将塑料袋撑满时取下塑料袋。如果取下的时间过迟，则会发生叶片枯黄的现象，致使新芽受损（图 2-16）。取袋时，如果让正处在高湿度的袋内生长的新梢直接暴露在外部空气中，枝条和芽很有可能因无法承受快速的蒸腾作用而枯黄甚至彻底枯死，因此先要

用嫁接绑条扎好后，套上塑料袋，轻轻地扎住塑料袋的下方

图 2-15 在嫁接处套上塑料袋（熊代 供图）

图 2-16 取袋过迟导致叶片枯黄（以苹果高接为例）

在袋子尖端开几个小孔，间隔数天后，使新梢适应外部的空气环境，再取下袋子。另外，在蒸腾作用较弱的阴天适合取袋。

嫁接成活后的护理

砧木的除萌方法与接穗新梢的整理方法

嫁接后会从接穗和砧木长出新梢（砧芽）并继续长大（图 2-17）。为使接穗新梢更好地成长，必须趁砧芽还未长大时将它剪除。若等砧芽长得过长后再一起剪除，则容易导致其生长不良或者枯死，要在接穗生长过程中多次重复除萌这一操作。

接穗的新梢在增叶的同时进行光合作用，向砧木提供糖分，促进生根物质产生。在接穗上长出几根新梢时，只留下 1 根，剪除多余的。在这根新梢长 3~5 厘米时适宜进行修剪整理。

图 2-17　接穗和砧木上长出的新梢（以苹果高接为例）

高接法中的牵引等操作

高接法当中，接穗与地面呈水平状态的情况较多，之后长出的新梢有直立生长的倾向（图 2-18）。但直立的新梢会徒长并且长得过长，不易着生花芽，因此要在生长过程中引导它向水平方向或略微下垂的方向生长，以有效抑制其长势，使花芽能更早成活。还有一种方法是将新梢扭至水平方向（扭枝）。

高接法中更新的原品种（砧木）会长出许多新梢，但其中很多都会变为徒长枝，因此，剪除砧木新梢的工作也要在春、夏季多次进行。

芽接管理要点

图 2-18　高接时新梢容易直立生长（以苹果为例）

用绑条覆盖所有接芽

芽接常用"丁"字形芽接法（盾形芽接法）和嵌芽接法（图 2-19）。

嫁接的适宜时期是砧木树液流动旺盛、嫁接芽生长旺盛的 8 月中旬~9 月。

进行"丁"字形芽接时，在新梢上留短叶柄，去除叶片后取下带芽的芽片，再切除木质部，只留韧皮部和芽作为接芽。在砧木的目标位置处（苹果等树种是距地表 20 厘米处）横切出一个"丁"字形，掀起树皮，插入接芽，用塑料绑条缠绕绑定。

进行嵌芽接时，把刀分别从新梢芽的上下两边插入，取下附着木质部的一块作为

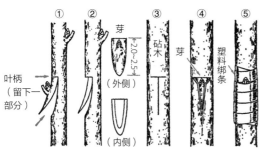 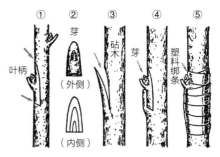

"丁"字形芽接（盾形芽接，单位：厘米）

①从芽的上下方插入刀尖
②留下木质部，只剥下盾状芽
③以"丁"字形切开砧木
④沿着"丁"字形部分掀起树皮，插入接芽
⑤用塑料绑条捆绑

嵌芽接

①从芽的上下方插入刀尖
②取下芽
③从砧木上方斜切一刀
④嵌入接芽
⑤用塑料绑条捆绑

图 2-19　"丁"字形芽接与嵌芽接的步骤（熊代　供图）

接芽，在砧木上做出一个槽口，插入接芽，最后用塑料绑条缠绕绑定。如果用石蜡封口膜覆盖整个接芽，把它包裹起来，芽就会在第二年发芽时撑破薄膜长出来。

修剪砧木要在春季进行

春季发芽前，从贴近芽接部位的上方位置剪去新芽。如果芽接部位的上部发芽，长出新梢，就会抑制接芽的发芽和生长，为保证嫁接的芽是顶芽，要再对砧木做修剪，并在砧木切口处涂上甲基硫菌灵或石蜡等涂层剂，防止干燥。

规避嫁接的不亲和性和障碍

嫁接的亲和性（嫁接的连接处是否相连）不好时，嫁接部位形成的愈伤组织仍然处于柔软状态，没有木质化，愈伤组织内部的形成层、导管及筛管不分化，造成嫁接树木无法顺利成活。如果嫁接的是遗传上为远亲的植物，则可能在愈伤组织愈合的阶段产生排斥反应。另外，也有在维管束形成之后，生长慢慢出现障碍的情况。

嫁接不亲和会导致连接处水平断裂，砧木形成层坏死，最终树势降低或枯死。榲桲常作为西洋梨的矮化砧木，把嫁接亲和性较高的西洋梨品种（OHF 砧木等）当作中间砧，则可以与许多西洋梨品种（接穗）嫁接。这是一个利用中间砧获得良好嫁接亲和性的很好案例。

如果砧木和接穗的形成层排列有明显差异，则砧木在连接处可能会比接穗粗，这就是"大脚"现象；也可能更细，这就是"小脚"现象（图 2-20）。嫁接部位有时也会隆起形成树瘤（图 2-21）。除去明显的粗细差异导致的树木长势衰弱和枯死，上述这些问题不太可能成为嫁接不亲和的主要原因。

"小脚"   "大脚"

图 2-20 柑橘的"小脚"和"大脚"现象（Webber 供图）

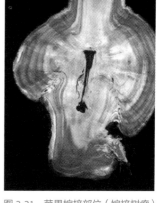

图 2-21 苹果嫁接部位（嫁接树瘤）的纵切面
用 M26 砧木嫁接乔纳金，因吸收色素而被染色

◎ 扦插的小技巧

扦插方法知多少

根据插床位置及使用装置不同，有露地扦插、温床扦插、雾化扦插、密闭扦插、密闭雾化扦插等方法。苹果砧木多用露地扦插法，但有些树种也用温床扦插法。

按取用植物器官的不同，有枝插、叶插、芽插和根插之分。枝插又可分为硬枝扦插、半硬枝扦插、嫩枝扦插和根插，具体扦插方法如下。

硬枝扦插

硬枝扦插又叫休眠枝扦插，采用的插穗是生根力强的一年生枝条，应在其休眠期（发芽前）采集。对于多数树种，从发芽前的休眠枝上剪下长 10~20 厘米的枝条，插入土中，只要保证地上露出 1~2 个芽即可。苹果砧木采用的是长约 50 厘米的插穗。图 2-22 展示的是使用硬枝扦插法的葡萄苗木发芽、生长的情况。

半硬枝扦插

半硬枝扦插是取新梢的成熟部位（变硬部位）作为插穗。该扦插方法适用于夏季。

嫩枝扦插

嫩枝扦插取用落叶果树和常绿果树上还在生长、未成熟的新梢，好处是生根所用的时间更短，但因为插穗还连着叶片，必须有抑制蒸腾作用的对策，所以这种方法适合用在装有间歇喷雾装置的设施内。此外，生根促进剂对嫩枝扦插也非常有效。

图 2-22 葡萄使用硬枝扦插法的新梢长势

根插

该方法主要用于落叶果树，从冬季到春季，根系养分储备充足，取休眠中的根系进行扦插（图2-23），也可以选用挖出的苗木根系。在长约15厘米处切断，让原本的头部朝上进行扦插。

一般来说，扦插时把插穗插入插床2/3，可以防止干燥。此外，使用未经施肥、通风良好的土壤，并把插床温度保持在20~25℃，有助于提高生根率。可通过扦插法繁育的果树品种与砧木种类如表2-1所示。

上（粗）

下（细）

图 2-23　根插
选用休眠中的树根作为插穗，长约15厘米，上下不要颠倒

表 2-1　不同扦插法下可以繁育的果树品种与砧木种类

可作为插穗的果树品种	无花果、葡萄[①]、油橄榄、醋栗、红醋栗、蓝莓、猕猴桃[①]、胡颓子、枣、石榴、榛子、贴梗木瓜[①]、郁李、木通、柚子[①]、柠檬[①]、香橼[①]、甜橙[①]
可通过扦插繁育的砧木种类	榅桲（枇杷的砧木）、楸子、JM系砧木（苹果的砧木）、葡萄砧木、青叶樱、考特（樱桃的砧木）、杜梨、桃砧木筑波系、柚子、枳橙、樱桃李及其他

[①]　除扦插外也可以用嫁接法繁育。

插穗的生根与生长方式

插穗生根、发芽的原理

扦插过程中，在插穗基部的切口形成愈伤组织，最终在愈伤组织内出现根原基并开始生根（从图2-24左下部的切口处生根）。一些种类的果树的茎节、枝节中也有根原基，会从这些根原基生根（图2-24右）。

由愈伤组织内的根原基形成的根系和由茎节、枝节的根原基形成的根系统称为不定根。

硬枝扦插中的插穗约发出2个新芽并开始生长。芽靠无根的插穗从土壤中吸收的水分和插穗贮存的养分生长，但最终养分被消耗完后，生长就会停止。插穗可根据贮存的养分分成不同类型，但多数会在扦插后30天左右停止生长。

芽、叶片和根的配合很重要

插穗生根需要芽合成的生长素吲哚乙酸（IAA）和叶片合成的促进生根物质，

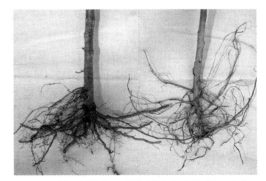

图 2-24　从插穗基部切口处的愈伤组织生根（左下）和从节的根原基生根（右）

容易生根的树种会产生更多的生长素和促进生根物质。

如果扦插的是休眠枝，去除插穗上长出的嫩枝或拔掉叶片有助于抑制生根，原因是去除芽的插穗的生根部位生长素浓度降低。正是这种机制使具有生长素作用的生根促进剂有效。

生根的标志是"再次发芽"

落叶果树的休眠枝于扦插后的 50~60 天、嫩枝于扦插后 25~30 天，插穗基部形成的愈伤组织中根原基发育，开始生根，但具体情况根据树种、地温、气温等的不同而发生变化。开始生根的同时，暂停生长的新梢前端也依靠新根吸收的养分再次开始生长（图 2-25）。因此，生根的标志是"再次发芽"。

综上所述，插床水分管理中要充分浇水，防止土壤在新梢发芽和新梢生长过程中干燥，到新梢不再长长且开始生根的阶段，控制水量，输送氧气，因为生根时水分过多会导致生根情况变差，容易出现烂根现象。

图 2-25　插床上停止生长的新梢再次发芽

扦插操作要点

扦插时期

对于许多树种来说，适合插穗生根的地表温度为 18~25℃，15℃以下或 30℃以上则有生根状态变差的倾向。露地扦插以在地表温度升高的春季进行为宜。

在硬枝扦插中，取芽充实的一年生枝条，于发芽前剪下作为插穗，临近发芽是最适宜的扦插时期。如果在休眠期内剪下插穗，要把插穗装进塑料袋，密闭后冷藏保存，到 5 月前后就可以扦插了。

此外，如果是在温室里，或置于温床上，或使用保温垫，低温时期也可以扦插。此时重要的是打破插穗的休眠状态（在达到打破休眠状态所必需的低温后）。

嫩枝扦插适宜的时期是 6 月，此时新梢停止第一次生长。

插穗的选择与制备

硬枝扦插（图 2-26）使用带有 2~5 个芽的一年生枝条，切下长度为 10~20 厘米（不同树种在 5~40 厘米范围内波动）的一段。纤细的一年生枝条贮存的用于发芽、生根的养分很少，不适合用于硬枝扦插。

嫩枝扦插（图 2-27）的插穗叶片数量越多越有利于生根，但是如果不对叶片的蒸

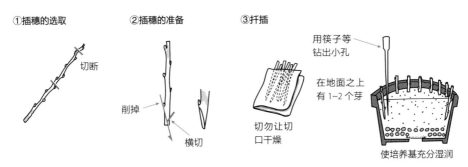

①插穗的选取　②插穗的准备　③扦插

切断

削掉

横切

用筷子等
钻出小孔

在地面之上
有 1~2 个芽

切勿让切
口干燥

使培养基充分湿润

图 2-26　硬枝扦插的步骤
根据主妇之友社《扦插、压条、嫁接——迅速掌握促进枝条增多的技巧》第 194 页改编

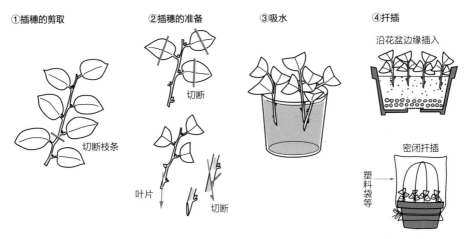

①插穗的剪取　②插穗的准备　③吸水　④扦插

切断枝条

叶片

切断

切断

沿花盆边缘插入

密闭扦插

塑料袋等

图 2-27　嫩枝扦插的步骤
根据主妇之友社《扦插、压条、嫁接——迅速掌握促进枝条增多的技巧》第 195 页改编

腾作用加以控制，就很容易枯死。因此，嫩枝扦插时，剪下带有 2~3 片叶的枝条作为插穗，对大片叶则要切下少半部分叶片。

此外，带有根原基（参考第 22 页）的植物容易通过扦插、压条生根。由于落叶果树在长出枝条的部位容易因节间拥挤造成节数增多，因此适合用作插穗。

促进生根的操作——切口、促进剂、吸水

用剪枝剪等工具剪下的插穗基部的维管束组织遭到挤压和破坏，这种状态下，形成层形成愈伤组织的情况欠佳。

此时一定要除去被破坏的组织，使切面光滑。为增加形成层暴露的部分，可用锋利的嫁接刀重新斜切插穗基部两侧。不论休眠枝还是嫩枝，都要从芽点下几厘米处剪下，修剪插穗基部时重要的是留芽。

树种不同，生根促进剂的效果也不同。对插穗的处理方法有：让插穗基部在低浓度溶液中长时间（14~22 小时）浸泡，或在高浓度溶液中浸泡瞬间，还有利用粉剂的粉衣处理法。

扦插前使插穗充分吸水，但为防止枝条中贮存的养分流失，吸水时间应控制在 1 小时以内。

实际扦插时要注意，先用筷子或细棍等在插床上钻出小洞，可以在插入时保护插穗基部，避免受损。

对插床水分、光线、温度的管理

对插床进行管理，能使插穗的水分供应和蒸腾作用保持平衡，增强叶片光合作用，将光合产物和生根促进物质充分输送到插穗基部。

插入无根枝条，促进插穗生根时，最重要的是保持插床的水分。"初期发芽时保证充足水分，生根过程中要控制水量"，本着这一原则定期补充水分。水中所含盐类达 1400 毫克 / 升以上会阻碍生根和发育，因此还要注意水质。

防止气温和插床温度上升或蒸腾作用引起插穗干燥的有效方法是遮光。可以通过覆盖苇帘、细麻纱布及温室内的卷膜换气抑制温度上升。然而，过度遮光会阻碍光合作用，对生根产生不良影响，所以遮光率应控制在 20%~30%。在嫩枝扦插中，通过洒水、喷雾装置及封闭方式，可以提高生根率。配备洒水、喷雾装置的情况下，将插穗放置于太阳光直射的地方，可以使光合作用更活跃，生根效果更好。对于用作苹果砧木的楸子、JM7 及其他生根性能良好的树种，常用的扦插方法是选择通气性、保湿性良好的土壤作为插床，用黑色地膜覆盖插床进行扦插（图 2-28）。黑色地膜对于防止杂草生长也有效果。

图 2-28　铺有黑色地膜的插床（苹果砧木）

起初不施肥，再次萌芽后开始施肥

如果插床里肥料过多，水分就容易由于渗透压从插穗切口处流失。在箱子里扦插时，应该选择无菌且不含肥料的材料（珍珠岩、蛭石、鹿角土、泥炭藓）混合在土壤中。

硬枝扦插中，施肥的时机是在暂停生长的新梢再次发芽时；嫩枝扦插中，施肥的时机是在新芽开始发芽时。等到 60% 左右的插穗都已发芽或再次发芽后进行施肥，可

促进插穗生长。需注意肥料的浓度问题，使用缓效固体肥料，或将稀释到低浓度的液体肥料分数次施入。在寒冷地带，9月以后不再施肥，以免因氮肥作用缓慢而引起冬季冻害。

◎ 压条与分株的小技巧

压条方法知多少

压条时可以不必切下植物的枝条而使其生根，并从生根部位截断使其繁育，包括伞状压条法（普通压条法）、水平压条法、堆土压条法和高枝压条法（空中压条法）等。主要压条方法见图2-29、图2-30。

伞状压条法（普通压条法）

这是一种弯曲枝条，只让枝尖露出地面，中间填土使其生根的方法，用于油橄榄、树莓、胡颓子、无花果、葡萄等。对皮层进行环状剥皮更为有效（将宽0.5厘米的树皮呈环状剥下）。

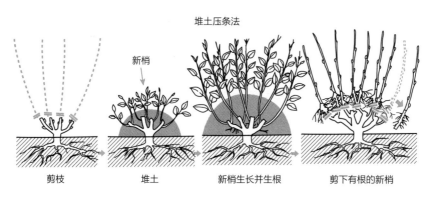

图 2-29　主要压条方法

根据 Chaumier《四季水果的味道》改编

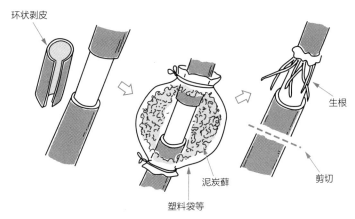

图 2-30 高枝压条法案例
根据日本文艺社高柳良夫《更简单更可靠的增枝法——扦插、嫁接、压条》第 24 页改编

水平压条法

在水平压条法中，要把母株上长出的枝条压弯至地面，待其长出几根新梢后，堆土并让新梢基部生根，再剪切下来，用于苹果矮化砧木、樱桃砧木（马哈利、马扎德）、李砧木（圣朱利安、余甘子）、榲桲、葡萄等。

堆土压条法

这是一种种植母株，每年将其剪短至地际部，以产生大量新梢，而后用土壤覆盖并使其从嫩枝的基部生根的方法，用于苹果矮化砧木、榲桲、醋栗、树莓、枣、胡颓子、木通、欧洲甜樱桃等。

高枝压条法（空中压条法）

这是一种用刀刮破枝条后进行环状剥皮，用泥炭藓包裹裸露部位而使其生根的方法。

对处理后的部位，用塑料袋或保鲜膜扎住两端，用于无花果、巴婆果、荔枝、龙眼、核桃、针叶樱桃等。

压条生根的原理与操作要点

根原基的形成与生根

刮破茎叶、剥下茎叶后，在形成层部位会形成愈伤组织，愈伤组织内会形成根原基，并且生根，与扦插的原理相同。

此外，在不破坏枝干而进行堆土生根的压条法中，经过一段时间的遮光，使新梢黄化（黄化处理），可以促进新梢节上的根原基生根。

压条操作要点

在苹果、西洋梨等矮化砧木的压条繁育中，培育母株并每年将其剪短至地际部，待其长出几根新梢并长 2~3 厘米时，用厚约 10 厘米的稻壳覆盖全部新梢，做遮光（黄）处理。不久后新梢穿过稻壳层，在遮光的梢节部位形成根原基。当新梢长到约 40 厘米时填土，填至约新梢一半高度时，从其根原基部生根。深秋至早春，在除土的同时，将生根的层状苗分离出来，用作砧木（图 2-31）。

图 2-31 苹果砧木压条（堆土压条法）的生长（左）与挖起后（右）的状态

高枝压条法中运用环状剥皮（图 2-30），在环状剥皮切口上方形成大量愈伤组织并生根。操作的适宜时期为愈伤组织形成活跃的晚春到夏季。

分株法

分株法多用于树莓类、胡颓子、郁李、毛樱桃、醋栗、红醋栗、蓝莓（图 2-32）。操作的适宜时期是休眠期，应将挖出的茎叶分开，剪掉根茎上蔓延的基芽。分株法虽然可以获得大苗，但不适合大量育苗。

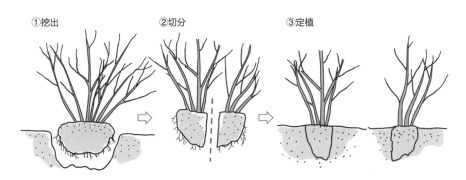

①挖出　②切分　③定植

图 2-32 分株法案例
对于小株，要整块挖出，用手或剪刀将 2~3 根枝条分成一组

◎ 培育用作砧木的实生苗

如第 1 章所述，种子长成的实生苗并非用来培育现有品种，而是用于砧木的繁育和育种。在日本，柿长期用实生苗繁育，苹果、梨、桃、君迁子、茅栗、枳、柚子、胡桃楸、梅、杏等的种子培育的实生苗可以用作砧木。

打破种子休眠与贮藏

果实成熟的同时种子也进入成熟阶段，适于采种。将收集的果实剥除果肉，取出种子，用水冲洗后进行杀菌，置于阴凉处干燥后贮藏，适时播种。一叶樱等的果实到成熟期时胚胎还不成熟，因此有必要进行催熟。

酸橙、构棘、枇杷、芒果、荔枝、龙眼等的果实在成熟期种子并不休眠，所以可以用直接播种（采种后直接播种）的方式来培育实生苗；而苹果、梨、李、杏、梅、板栗等的种子处于休眠状态，播种前需要置于低温环境中以打破休眠状态。可以秋季种下，使其在苗圃处于低温环境中，但一般做法是低温贮藏后在春季播种（表 2-2）。

表 2-2　果树类种子的适宜贮藏温度及所需时间

	最适温度 /℃	适宜范围 /℃	需要时间 / 天
桃	5	5~10	60~90
野生李		1~5	90
樱桃（马哈利）	3		90
西洋梨（法兰西梨）	5	1~5	60
苹果	5	1~5	60
弗吉尼亚柿（美洲柿）	10	5-10	60
核桃	3	1~10	60~120
葡萄（康科德）	5	5~10	90
葡萄（特拉华）	5	5	90

果树种子不适应干燥的环境，所以要保持一定的湿度，贮藏在 1~5℃的低温下（湿润低温处理）。简便贮藏法是用打湿的泥炭土、蛭石、泥炭藓等把种子包裹起来，并放进塑料袋中。

一般在花盆里放入将沙子与打湿的泥炭土等量混合后的土壤，再铺一层种子，上方再盖一层土壤，如此重复，使其透气，放于冰箱中或室外，可贮藏至春季（沙藏法）。

根据树种不同，一些种子即使在湿润低温条件下贮藏也难以发芽，因为有些种子的种皮难以透水，有些果实或果皮含有抑制发芽的物质，胚胎未成熟。为了不破坏

桃、樱桃、杏等种皮坚硬的果核类的胚胎，还要打破果核使其吸水，用沙藏法在湿润低温条件下贮藏。多数树种都可以通过浸泡在流水中 1~3 天的方式，溶出果肉和果皮中抑制发芽的物质。

发芽过程与管理方法

当水分和温度等适宜发芽的条件得到满足时，种子吸收水分并利用子叶和胚乳中贮存的养分发芽并生根。此时抑制休眠物质（脱落酸等）发挥作用的赤霉素在胚胎中生成，种子进入发芽的生理状态。

落叶果树类种子的发芽适宜温度是 15~20℃，柑橘等常绿果树是 15~30℃。此外，多数树种在黑暗状态下发芽，但蓝莓等果树发芽时需要光照。对于黑暗中发芽的种子，要覆盖约是种子厚度 2 倍的土壤；对于需要光照的种子则不要覆盖土壤。

有两种播种方法，一种是在露天苗圃里播种，另一种是在苗圃箱里播种，在室内管理。如果是露天播种，种子刚刚发芽时要避免杂草与其竞争。此外，肥料管理对于促进其生长很重要，但在施用速效肥料时，要注意避免浓度失调。

第 3 章将对常用作实生苗砧木的树种进行解说，要采取适合树种的方式进行采种、贮藏、播种及管理。

◎ 如何选择工具和材料

嫁接、扦插、压条中必要的工具和材料如表 2-3 所示。嫁接和扦插时常常需要切削坚硬的木材部分，因此使用切割性能良好的嫁接刀，锯子也要选用适合原木的修剪锯，剪根与剪枝的剪刀要分开。

表 2-3　果树繁育必要的工具和材料

嫁接时必要的工具和材料	修枝锯、修枝剪、嫁接刀、用于贮藏接穗的乙烯或聚乙烯袋（0.3~0.5 毫米厚）、塑料嫁接绑条（嫁接胶带）、石蜡封口膜、涂层剂（石蜡、甲基硫菌灵等）、牵引绳、支柱（细竹竿等）、嫁接袋（氯乙烯或聚乙烯制）、肥料（化学肥料、液体肥料等）
扦插时必要的工具和材料	扦插盒（塑料制）、剪枝剪、嫁接刀、用于贮藏插穗的乙烯或聚乙烯袋、泥炭土、鹿沼土、珍珠岩、砭石、腐殖土、浇水设备（软管、浇水嘴）、肥料（液体肥料、缓效固体肥料）、营养钵（直径为 10.5~15 厘米）、壶等
压条时必要的工具和材料	铲、环状剥皮用刀、修枝锯、嫁接剪刀、泥炭藓、泥炭土、黑色地膜和塑料等覆盖材料、缓效固体肥料等

（小池洋男）

第3章

不同树种繁育
的实际情况

苹 果

果树繁育中应用最频繁的是扦插、压条、嫁接等方法，而这些方法中的主要步骤和关键环节基本都可以在苹果的繁育里找到。第 2 章介绍了果树繁育成功的基本知识和要点，本章通过大量图片详细介绍了苹果的繁育，希望能帮助读者更好地理解果树繁育中的通用技能。

◎ 扦插与压条的实际操作——从制备砧木开始

对苹果进行扦插、压条，主要是为了制备嫁接砧木。如果采用优质砧木进行嫁接繁育，果树品质将得到改善，繁育果树会更有乐趣（参考第 5 页）。很多果树繁育的乐趣就源于通过扦插、压条得到砧木的过程。

根据对树体大小的影响，苹果砧木分为乔化砧、半矮化砧木和矮化砧木 3 种。乔化砧中的楸子砧木的体积较大，通常种植间距较远，并且使用休眠枝进行扦插繁育较为容易。

M26 和 M9 矮化砧木的体积较小，主要在密植条件下栽培，它们几乎无法用休眠枝有效地扦插繁育，因此要通过压条生产砧木。

近期，楸子砧木与 M9 砧木杂交培育的 JM7 砧木使用逐渐增多，JM7 是一种可以扦插繁育的矮化砧木。

通过扦插制备砧木——楸子砧木、JM7 砧木

【楸子砧木】

农田的准备

用于扦插繁育的农田最好是无病害、排水良好、通风良好、没有碎屑和大块垃圾的干净土壤。

为避免补种带来的不良影响，最好选择前茬不是苹果的地方种植。如果选择种植过苹果的土地，则要事先深挖，彻底翻土，消毒土壤。如果有田鼠经常出没，要喷洒药剂，尽量降低田鼠的密度。同时，通过反复耕作，抑制杂草生长。嫁接普遍在春季

进行，最好于上一年的夏季选好场地，并于上一年内完成准备工作。

插穗与母株的准备

准备无病害且来源明确的插穗或母株，用以剪取插穗。从外观上看插穗与母株应该无病虫害、无病毒。如果幼苗发生根癌病，会在根部等处形成癌瘤，树势最终会减弱。应对方法是在没有病虫害的农田使用无病苗，发现土壤遭到感染要及时处理。个人很难确认插穗或母株是否携带病毒或致癌细菌，因此要从值得信赖的商家那里购买正规商品。

插床的准备

待到雪融后，充分耕地，铺上地膜以抑制杂草生长并保湿。如果土壤干燥，在覆盖地膜前一天可以进行灌溉，或在雨后第二天覆盖地膜，这样就能形成良好的插床。常用的是宽度约为 1 米的黑色地膜，此时可以根据行距为 25 厘米、每张地膜覆盖 4 行的标准配置，株距为 20 厘米左右。

插穗的采取与贮藏

在休眠期间（12 月～第二年 2 月）采取一年生枝条作为插穗，从采取后到扦插时，重要的是防止干燥，维持休眠状态，不要使其发芽。可以将插穗装进塑料袋中，保存在 2~5℃的冰箱里，或者可以存放在铺有干净、潮湿沙子的地下室中。如果使用冰箱，注意避免与果实等食物一起贮存，因为果实产生的乙烯会对插穗产生不良影响。

插穗的制备

将插穗剪切为 15 厘米长的一段，如图 3-1 所示。

将制备完成的约 15 厘米长的插穗（楸子砧木）的基部削成楔形，前端要高于芽，剪切位置紧贴芽上方。注意靠近新梢前端的部位无法成为好的插穗，插穗可用范围的最大直径约为 3 毫米。对插穗的调整始于正式扦插的 10 天前，到准备扦插为止。如果要暂时贮存制备好的插穗，则要注意防止干燥并冷藏。

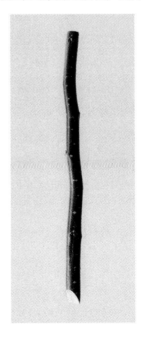

图 3-1　制备完成的用于扦插的插穗（楸子砧木）
把基部削成楔形，前端高于芽，长约 15 厘米

扦插的具体操作

3 月中旬 ~ 4 月中旬进行扦插，扦插

时期越晚对插穗生长越不利，气温升高则不易成活。

将插穗基部在水中浸泡一整晚，吸水后更有利于成活。提前在地膜上要扦插的位置用钢丝戳几个小孔，通过小孔扦插。如果用插穗直接捅开地膜，撕破的地膜易覆盖在插穗的基部，会妨碍其生根。

扦插深度以插穗上端的 1~2 个芽露出地膜为宜，垂直插入。如果在插入后活动，会造成插穗基部的切面不与土壤贴合，进而导致生根不良，所以诀窍是一次性完成扦插动作。

插好后于插穗尖端切口处涂上甲基硫菌灵或有机铜杀菌剂等涂层剂，用来保护插穗，此时需注意不要将涂层剂涂抹到顶端的芽上。

扦插后的护理

扦插后，靠近插穗尖端的约 2 个芽开始发芽并生长，等到 5 月，留下 1 个长势最好的芽，剪去其他芽。如果切口过大，则涂抹涂层剂加以保护。

根据土壤的干燥程度浇水，施肥要在夏季前选用速效性肥料，为避免氮肥在夏季以后生效缓慢，要尽量减少施肥量，只在叶片上喷洒尿素（200~250 倍液）就足够了。

如果地膜间隙生出杂草，要尽早拔除。由于楸子砧木对黑斑病、斑点落叶病、苹果绵蚜有抵抗力，因此病虫害预防的主要对象是白粉病、蚜虫、毛虫、叶螨等。要用正规杀虫剂及时控制。

挖取与甄别

挖取砧木最好在自然落叶之后，即使要强行摘取叶片进行挖取，也要等到 11 月中旬以后。挖出后刨除多余的土，确认没有病虫害或被田鼠破坏后，按粗细、生根量分拣。第二年春季可以进行嫁接，用作一年生苗木的育种。

分拣后将砧木每 20 株绑成一捆，临时栽种，但一捆过大容易导致靠近中心的砧木干燥，田鼠也更容易钻入其中。因此，要选择排水性能良好、田鼠密度低的地方临时栽种，避免种在气温易升高或空气寒冷的地方。也可将根部洗净后放入冰箱贮藏，此时要套上塑料袋防止干燥，并把温度设定在 2℃，不要与果实放在一起。

【JM7 砧木】

扦插基本步骤与楸子砧木相通，下文讲述 JM7 砧木扦插时需要特别注意的点。

农田的准备

当土壤条件不好时，JM7 砧木生根较为困难、成活率很低。如果扦插在排水、通风性良好、含有一定量黏土的砂质土壤中，既能排水也能保存水分，砧木就能稳定生根。

插穗的制备

插穗制备完成后，在贮藏过程中插穗基部一侧的断面可能形成愈伤组织（图 3-2）。贮藏时间较长、温度和湿度较高的情况下，会出现许多愈伤组织，这表示插穗生根良好，操作时要注意不要破坏愈伤组织。

图 3-2　用于扦插的插穗上出现的愈伤组织（JM7 砧木）

扦插的具体操作

为促进生根，临近扦插时将插穗基部浸入生根促进剂约 15 秒。

将 JM7 砧木垂直插入土壤可能导致新梢从插穗上倾斜生长，插床上的新梢呈现倒伏状态。因此，为使最顶端的芽向上生长，略微倾斜地插入插穗可以让新梢垂直生长。

扦插后的护理

同楸子砧木的护理方法。

挖取与甄别

对于 JM7 砧木，特别要注意防治田鼠（参考第 34 页）。

通过压条繁育制备砧木——M9 长野砧木

本节讲解 M9 长野砧木压条繁育（水平压条法）的实际操作方法。M9 长野砧木是 M9 砧木的一类，并未感染导致高接病的苹果褪绿叶斑病毒（参考第 6 页）。

农田的准备

农田的选择、准备，以及对杂草的控制都与扦插相同，应该选择可以灌溉的区域。

压条繁育中有堆土和挖掘环节，因此适宜使用通气性好、土质松软的农田；在排水不良的黏质土农田中，操作困难，生根状况不好，且由于霜冻，过冬时根茎容易枯死。

由于压条繁育需要反复堆土、剪切，根瘤病等病害容易从母株上长出的新梢切面侵入。因此，应在无病区域定植无病害母株，避免在有发病风险的农田重复使用管理工具和设备。

母株的定植

秋季定植有利于母株生长；春季则要选择雪融后，在对土壤耕作后尽早定植，在母株发芽前完成定植。如图 3-3 所示，倾斜种下，株距为 4~5 厘米，为易于管理，行

距为 100 厘米以上。

定植后，在发芽前将露出地面的部分剪切至 30 厘米高，如果切口较大，则要涂上涂层剂。发芽前用木钉或竹钉水平压倒母株。

定植当年的管理

如果要在当年内定植，为获得繁茂的母株，最好不要在长出的新梢周围堆土，不要压条。

11 月前后进行修剪，留下长 4~5 厘米的新梢基部。之后堆土（厚 3~5 厘米）直至几乎看不到整个母株，以避免冻伤。可以剪切至新梢冒尖的部分，但要确保水平的老枝被覆盖在土中。还要将驱杀田鼠的药剂与土壤充分混合。

图 3-3　用于压条的倾斜定植的母株（M9 长野砧木）
在发芽前将其压倒

在第二年 3 月中旬清除秋季堆砌的土壤，如果土质松软，可以用竹扫帚在天气干爽时扫除，用耙子可能伤害母株，使用时要多加注意。发芽期过后不要进行除土操作。秋季修剪过的新梢前端 1~2 厘米常会枯萎，因此要再剪切掉 1~2 厘米。重要切口要用涂层剂保护。

黄化处理与堆土

定植 2 年后在新梢周围堆土，于较长的新梢长到 30 厘米左右时第一次堆土，此后每隔 2 周再追加堆土 1~2 次，最终使堆土高度达到 15~20 厘米。不要一次性大量堆土，每次要保证新梢叶片的一半以上处于地面上方。

堆土后最初的 1~2 年，如果发现生根的砧木较少，按照下述步骤进行黄化处理，可以有效地促进生根。从母株长出的新梢长达 3 厘米时，用稻壳（或细土）覆盖整个新梢（图 3-4）。新梢突破稻壳生长，对稻壳覆盖下的基部（图 3-5）经黄化处理后重新堆土，黄化部位的生根情况会得到显著改善，但是如果稻壳过于厚重且不含水分，反而可能使生根情况更坏。操作要点是尽量缩小必要的黄化处理的面积，以达到对新梢基部遮光的作用。

提前第一次堆土的时间，或减少堆土量，也可以改善生根状况。然而，如果过早在不

图 3-4 使用稻壳进行黄化处理
避免倒入过多稻壳

图 3-5 黄化处理后的新梢基部

够粗壮的母株周围堆土，可能使新梢减少。稻壳黄化处理法能有效促进幼株生根。

生长过程中的管理

堆土部分易干燥，因此最好频繁浇水，维持土壤 pF 为 2.5 以下。由于 M9 砧木对斑点落叶病有抵抗力，所以病虫害预防的主要对象是黑斑病、白粉病、蚜虫、毛虫、卷叶虫、叶螨等。要及时用正规杀虫剂进行防治。

图 3-6 M9 长野砧木的挖取情况（一）
先用小型反铲挖掘机大致刨除两侧的堆土

挖取

挖取最好在自然落叶后进行，即使是摘掉叶片再挖取也需等到 11 月中旬以后。用小型反铲挖掘机大致刨除堆土（图 3-6），接着用移植铲除去母株周围的土壤，挖出生根的砧木（图 3-7）。M9 砧木的切口处经常在冬季枯萎，所以尽量在新梢的基部留下 2~3 厘米长度。

挖取后轻轻地向母株堆土，此时要注意将驱杀田鼠的药剂与土壤混合。

图 3-7 M9 长野砧木的挖取情况（二）
母株充实，生根很多。用移植铲除去母株周围的土壤

◎ 嫁接的实际操作——制备苗木

得到砧木后，终于进入选择希望种植的品种与品系作为接穗、培育优良苗木的阶段。

苹果主要采用的嫁接法是在果树休眠状态下进行的切接法，也可以在夏季至初秋使用芽接法。

切接法

嫁接还可分为掘接和地接（参考第15页）。其中，掘接在室内进行，操作相对简单，也更有效率。

砧木和接穗的制备

对足够粗壮且生根数量较多的砧木进行切接，可以用于迅速培育苗木；对生根数量少的细枝，可以在夏季芽接或第二年地接。用 M9 长野砧木切接时，宜使用距基部 20~25 厘米、直径为 9 毫米以上、生根量不少于图 3-8 所示的枝条；芽接时，较粗的砧木嫁接困难，直径为 6~10 厘米为宜。

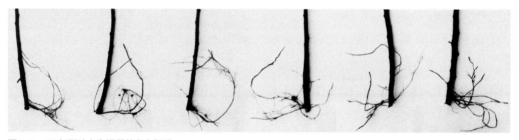

图 3-8　M9 长野砧木生根量的参考标准

春根（木质化后有分枝的根）长出 2~3 根及以上。对根的数量超过 3 根且直径为 9 毫米以上的砧木使用切接法，用于培育一年生苗木

将矮化砧木苗修剪至高 40 厘米左右，将楸子砧木苗修剪至高 30 厘米左右，此时切口直径必须在 5 毫米以上，否则难以操作。

接穗要在休眠期内（12 月～第二年 2 月）采取，选取无感染病毒风险、来源明确的母株。接受了充足日照、芽充实的一年生枝条适于用作接穗，停止生长晚的徒长枝或二次生长的部分不宜用作接穗（枝条、芽的具体判断方法详见第 2 章第 13 页）。

给采取的接穗贴上标签，标明采取日期和品种等。贮藏采取和制备完成的接穗，贮藏要点与插穗相同（参考第 35 页）。

接穗应携带约 3 个芽，在接近芽的上方切断，靠近前端的 2 个芽格外重要，需确认其发育是否充实。若一年生枝条靠近前端或基部的芽不够充实，尽量不要选用。

接穗的制备方法见图 3-9，砧木的制备方法见图 3-10。

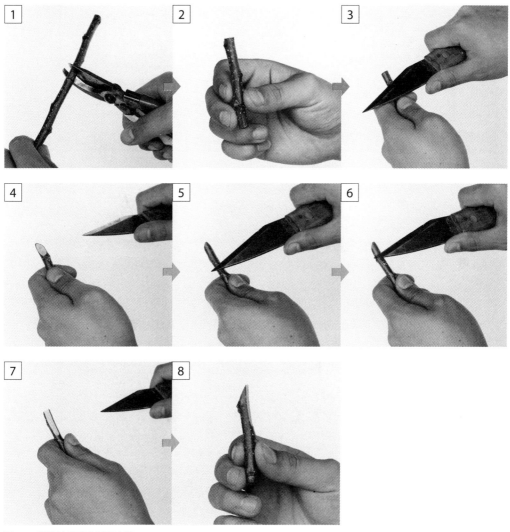

图 3-9　切接法接穗的制备方法

①接穗的制备。保留约 3 个芽，从接近芽的上方剪断

②带有外芽的接穗。缠绕绑条则会遮住位于最下面的 1 个芽，所以上端的 2 个芽很重要

③首先斜切接穗基部一侧，剪切时使无芽一端朝下

④斜切后的状态

⑤颠倒接穗（斜切的一端朝下），剪切相反一端，尽量让形成层呈平行状暴露在外。要使用刀尖部分，调整好角度，先插入刀尖

⑥刀尖进入后略微调整角度，使刀尖朝向更为水平，之后一刀削下

⑦形成层基本呈平行状暴露，最好将暴露在外的部分切成水平平面

⑧切好的接穗

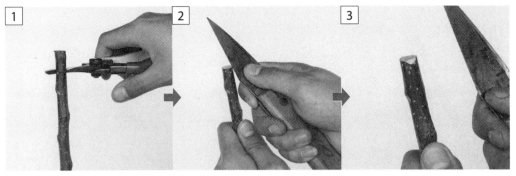

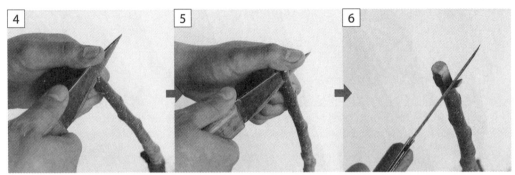

图 3-10　切接法砧木的制备方法

①切削砧木。首先用剪枝剪修剪掉 1~2 厘米，获得一个新的切口

②斜切以确认切削部分的形成层

③确认形成层

④切削砧木时，切入深度很重要。不要过于深，也不要过于浅，从正好能够平滑
　切入的深度插入刀刃，使形成层充分暴露出来

⑤缓慢向下移动小刀，露出形成层，接着斜插小刀，其深度与接穗上形成层暴露
　部分的长度大致相同

⑥使形成层平行暴露在空气中

⑦基部的形成层平行露出两处（箭头所指地方）

切接的具体操作

一般来说，切接的操作步骤如图 3-11 所示。

掘接约在 2 月进行，地接时间是 3 月中下旬~4 月上旬，如果接穗状态良好，晚
于 4 月也可以成活，但会对新梢的生长产生不良影响。

定植的实际操作

一旦积雪消融、可以操作后，应尽快进行掘接苗木定植，最迟 3 月就要完成定
植。搬运时注意不要移动刚刚进行了嫁接的接穗。

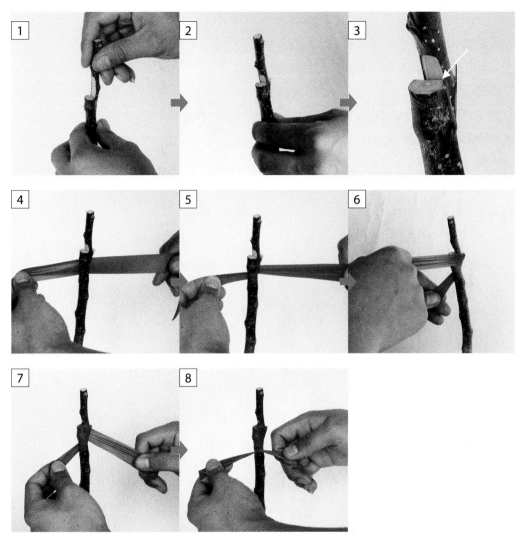

图 3-11　切接的操作步骤

①将接穗嵌入砧木，对齐接穗与砧木的形成层，保证左右两侧至少一侧的形成层重合

②图中已对齐位于操作人右侧的形成层

③接穗与砧木的形成层仅有一侧重合（箭头所指位置）

④捆绑嫁接绑条，固定接穗，将绑条剪至长 15 厘米左右，紧贴在接穗插入的位置下面

⑤将绑条重合缠绕 2 圈，这样更加牢固

⑥为覆盖整个切口，要从下往上缠绕，保持绑条呈带状，防止其扭曲或卷成绳状

⑦向上缠绕至盖住接穗和砧木切口的位置后，再向下缠绕至最初的位置

⑧在开始缠绕的位置将绑条的两端绑接起来。然后在接穗前端与绑条无法遮住的切口涂抹涂层剂，防止接穗干燥，注意不要使
　涂层剂粘到接穗的芽上

地接前要提前定植砧木，秋季定植能提高发育质量，春栽宜避开寒冷地带与和田鼠病害，并且一旦可以定植就要立刻操作。

根据苗木生长年数改变株距，如果打算当年秋季挖取一年生苗木，那么株距宜设为约20厘米。如果打算第二年秋季挖取二年生苗木，株距至少需设定为30厘米（对于树冠容易变大的品种及砧木，需要设置为更宽的40~50厘米）。行距要配置为中耕、除虫的机器容易进入的宽度。定植二年生苗木时最小需要100厘米，以给主干上侧枝的延展留足空间。

关于定植砧木的深度，如果是长40厘米的矮化砧木，则在地上留足20厘米，这是为了保证长成的苗木定植到农田时，地上部分为15~20厘米。如果地上砧木不留足20厘米，实际定植时就会露出上面的根系。

如果打算地接，定植下后就难以正确测量砧木长度，因此定植前要修剪至42~43厘米长。地接前将砧木尖端剪掉2~3厘米以获得新的切口，这样可以达到适宜的砧木高度。砧木高度从最低段的长出侧根的位置开始测量。

定植前1~2天挖掘沟渠，因为挖掘间隔时间过长土壤会变得干燥紧实，妨碍根系生长。

如果有必要，定植前应对根部消毒，防止病虫害的发生。粗跟的切面应该在定植前修剪少许，这样有利于生根。定植后立即大量浇水，使土壤与根系充分贴合，促进成活。盖上一层稻草可以保持水分并抑制杂草生长。

用于芽接的砧木等的定植

将不够粗壮或生根数量不足、无法用于切接的砧木定植于别处，栽种间距如前文所述。对计划进行芽接的矮化砧木在定植前修剪至45厘米长。任何砧木都可以晚一年再定植，但对于接近45厘米长的较短砧木，不进行修剪直接定植，可以得到笔直的砧木。

定植后的护理——水分管理与施肥

4~5月土壤易干燥，要维持土壤湿润。一直到8月，确认新梢生长顺利且嫁接成活状况良好后，整理枝条，尽早留下长势最旺的1根枝条。把市面上的pF测定仪放到定植的深度，建议将pF为2.5作为标准。

追肥到7月为止，不要过度施肥。施肥过多会导致新梢生长时期延长，苗木不够充实。如果新梢生长不良，原因常常在于嫁接产生的问题、土壤水分含量和土壤性质，而不是施肥量不足。按照第34页叙述的方法，即使不过多施肥也能使苗木充分生长。

苗木与杂草争夺营养、水分是一个严重的问题，要想让苗木顺利生长，就要注意不要让其被杂草淹没。在有可能杂草丛生的农田里，除了保持土壤湿润之外还要在地上铺一层稻草，并在杂草生长旺盛的时期勤除草。

长势良好的苗木在喷洒药剂后会立刻长出新的枝叶，这样一来，重要尖端部位容易遭受病虫害侵袭，因此要把药剂充分喷洒到新梢尖端的小叶片上。近年来，4~5 月新梢尖端被椿象危害的现象十分严重，要重点防治。

新梢的管理

定植后，嫁接部分会长出 2~3 根新梢，砧木部位也长出数根新梢（砧芽）。为了防止贮藏的养分被消耗，留下 1 根新梢即可，将其余的新梢剪掉。注意，砧木部分新梢的剪除若延迟到定植后 60~90 天，夏季前接穗新梢的长势会明显更好（图 3-12）。在砧木根系数量少的情况下，推迟修剪砧芽极为有利。

为了支撑苗木的主干舒展开来，在确认嫁接成功后，整理枝条，尽早留下长势最旺的 1 根枝条。

绑条和捆绑的绳子可能会嵌入主干中，因此夏季前后要仔细检查（图 3-13），秋

图 3-12　嫁接当年定植后 45 天左右的苗木（甜信浓苹果 /M9 长野）

绑条以下长出的新梢都属于砧芽。这种砧芽不要过早修剪，定植后 60~90 天再将其剪除，更有利于新梢的生长。对于图中展示的苗木来说，暂时不要剪掉砧芽为好

图 3-13　绑条的一部分嵌入树干

如果放置不管，很可能削弱苗木的长势，缠绕绑条时也要注意防止其拧成绳状

季到第二年春季内剪除绑条即可放心。

挖取苗木

最好等到自然落叶之后挖取一年生苗木，根据具体情况也会不等落叶就挖出，如果连带着叶片，由于叶片蒸腾作用会引起干燥，树苗不易保存，所以一般挖掘前需先摘掉叶片。

最近的研究表明，摘取叶片会对定植后的生长、树体的养分贮存及抗冻性产生不良影响，摘叶时间越早影响越大。因此，摘取叶片和挖树尽量都放在 11 月中旬以后。

芽接法

芽接法中将新梢上的腋芽用作接穗（接芽），在夏末至初秋进行嫁接。由于嫁接的是一个腋芽，因此相比切下枝条再嫁接来说繁育效率更高。

接芽的采取与准备

嫁接前，从来源明确且无病害的母株上采取整个新梢。然后，为防止干燥，将新梢插入盛有洁净水的水桶中。若新梢上附着叶片，叶片的蒸腾作用会导致水分减少，所以要用剪刀剪断叶柄，去除叶片。尽量避免从基部薅取，因为这样会破坏新梢。剪切后剩余的叶柄部分会在芽接后形成分层，自然落下。

芽接主要使用新梢中间部位的腋芽，尽量不选用靠近基部的腋芽与靠近前端 1/3 处的腋芽，它们可能不够充实。

砧木的准备

一般嫁接位置在砧木高度为 40 厘米（比如砧木地下有 20 厘米长，那么就在离地 20 厘米处嫁接）的一年生枝条部分。

如果砧木的一年生枝条部分短于 40 厘米，也可以在前端生长出的新梢基部附近进行芽接，但新梢过于纤细则不容易嫁接成功。

为方便芽接操作，需事先除去芽接处周围的新梢，建议在生叶阶段（5 月上旬）后对砧木除萌。此时应该尽量留下不影响嫁接部位的新梢（特别是位于芽接部位下侧的新梢），这样，第二年从接芽长出的新梢生长状况会良好且整齐。

芽接的具体操作

芽接主要有"丁"字形芽接（盾形芽接）与嵌芽接两类，具体操作步骤见图 3-14、图 3-15。

修剪不及时会造成接芽发芽不良，因此务必在砧木发芽前修剪最靠近接芽上方的部分。需注意 M9 砧木发芽较早，应在 3 月上旬进行修剪。修剪后在切口处涂抹涂层剂加以保护。

　　"T"字形芽接是一种切开砧木，掀开树皮，嵌入接芽的方法；而嵌芽接在切削砧木时，使用和剪切接芽同样的切法，再将接芽嵌入。嵌入接芽后需用石蜡封口膜等绑条固定整个砧木和接芽。嵌芽接的要点在于，牢牢固定接芽的上下两侧（图 3-15）。固定不充分，接芽会被挤向砧木的愈伤组织，可能导致愈合状况不佳。

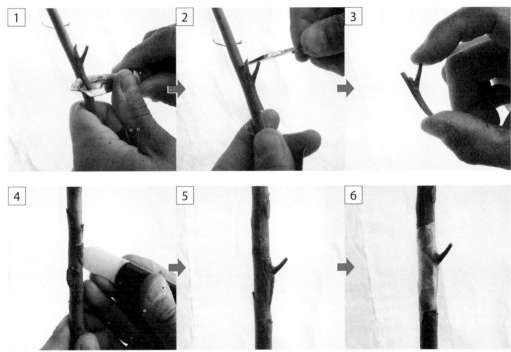

图 3-14　"丁"字形芽接的操作步骤
①剪切"丁"字形芽接的接穗，从芽的下侧插入小刀，向上斜削
②在芽的上侧横切一刀，取下接芽
③这是用于"丁"字形芽接的接芽
④在砧木上切出"丁"字形切口，用刮刀轻轻剥开
⑤将接芽插入"丁"字形开口的表皮之下
⑥用绑条固定

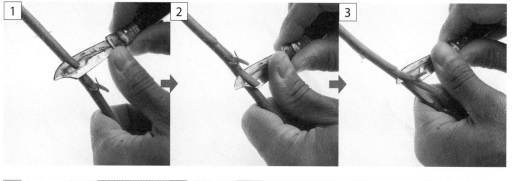

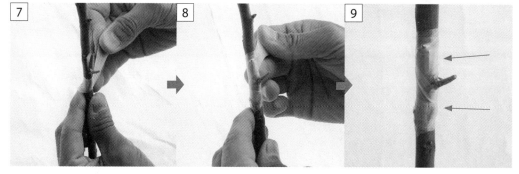

图 3-15　嵌芽接的操作步骤

①制备嵌芽接的接穗。倒置接穗，从接芽下方（基部一侧）插入小刀

②从接芽上方（前端）插入小刀

③穿透接芽正下方并向下切削，取下接芽

④用于嵌芽接的接芽

⑤用取下接芽同样的步骤切削砧木，保持切下的砧木长度与接芽大致相同。如果砧木粗于接芽，进一步切削，使砧木形成层的
　间距与接芽形成层的间距相同

⑥嵌入接芽

⑦绑紧绑条，牢牢固定接芽的下方

⑧绑紧绑条，同样牢牢固定接芽的上方

⑨用绑条固定时，用力按紧芽的上下两侧

"丁"字形芽接使用专用的芽接刀（图 3-16）更易操作，而嵌芽接使用嫁接刀也可以操作。

两种方法均在芽接后 1~2 个月就可以清楚地确认是否成活（图 3-17），其成活标志为剩余叶柄自然脱落。

芽接后的管理

芽接后的苗木在当年成活，新梢生长将在第二年进行。冬季需要注意避免被田鼠咬伤或遭冻害，防治田鼠的方法参考第 34 页，为避免冻害最好在主干部涂上白漆。

第二年春季发芽前，修剪紧靠芽上方的砧木（图 3-18）。暂时留下接芽以下的一年生枝条，到 6 月前后切除基部的枝条，这样有利于接芽新梢的生长。

（小野刚史）

图 3-16　用于芽接的折叠小刀（芽接刀）

"丁"字形芽接成活状态　　　　嵌芽接成活状态

图 3-17　芽接成活状态

图 3-18　发芽前对砧木的修剪

修剪不及时会造成接芽发芽不良，因此务必在砧木发芽前修剪最靠近接芽上方的部分。需注意 M9 砧木发芽较早，应在 3 月上旬进行修剪。修剪后在切口处涂抹涂层剂加以保护

◎ 高接法的实际操作

相比拔去根系的苗木更新法，高接法更新恢复生产并长成需要的时间较短，因此用高接法可以防止更新品种期间的生产损失。此外，希望在一株上培育多个品种、品系时也推荐高接法。

高接法中有切接、芽接、皮下腹接、腹接等方法，下文主要对切接和皮下腹接进行说明。

高接法的具体操作

用高接法更新大树或体积较大的果树时，需要大量接穗，因此要根据目的保证充分的接穗量。如果要一次更新 20 年生大树，需要嫁接 4 处左右。

如何选择好的接穗

接穗适合在落叶后至发芽前采取，尽量选择 1~2 月进行。为避免采取后的接穗干燥，将其装进塑料袋放入冰箱，或放在地下室贮藏（参考第 35 页）。

选择带有充实芽的枝条作为接穗，要从健康母树上采取，避免采到感染病毒的接穗。

高接法使用较为粗壮的接穗（直径为 6~10 厘米）。较粗壮的接穗成活后，新梢长势好，可以很快固定树冠。

不要剪短采取后的接穗，先贮藏，到嫁接时剪切。

采取着色系的芽变接穗时，最好从长势旺的徒长枝剪取，因为这类枝条有再次变异的可能。

接穗的制备

适宜制备接穗的时期为 3 月下旬 ~5 月上旬，这一时期内砧木（原品种）的树液开始流动。

嫁接位置应该定在能够实现目标树形与基本的枝条分配的位置。

保证高接用的接穗比普通接穗更长，普遍长度为带有 3~5 个芽，也可以更长。1 根接穗上芽的数量越多，更新后的结果量也越多，但需考虑到接穗的数量和每株的嫁接数量。

剪切接穗的方式与切接法相同。重要的是将接穗与中间砧的接触面切削平滑，并且确保接触面足够长（图 3-19）。接触面更长，成活状况也会更好，嫁接部

图 3-19　切削出的接穗斜面要长
如上图所示，切出较长横断面更有利于成活且不易折断

分不易折断。确保嫁接后接穗的前端芽向上或倾斜向上。

如果有必要防止接穗干燥，用石蜡封口膜将其缠绕，并且在接穗接入中间砧前完成操作。

切接操作

高接用的砧木的剪切方法与剪切普通砧木的方法相同（参考第 42 页）。考虑到新梢生长后需要牵引，将嫁接位置选在枝条上部（图 3-20）。如果在枝条下部嫁接，在进行牵引时或长出的枝条过重时，嫁接部分容易断裂。

高接法中，多数情况下接穗比砧木粗，因此无法使两侧的形成层都贴合，就只贴合单侧的形成层（图 3-21）。

图 3-20　嫁接位置选在枝条上部
不易折断且易于牵引

图 3-21　如果砧木较厚，将其与接穗任意
一侧的形成层贴合

贴合砧木与接穗后，用绑条将其绑紧，捆绑太松则导致成活状态差，可以说缠绕的好坏直接决定了嫁接的好坏。

做出 2 个切口并剥去树皮，此操作进行过早不易剥下，因此最好在刚发芽后进行。用绑条绑紧后，在接穗与砧木的切口处涂抹涂层剂，防止切口处干燥。

皮下腹接操作

当中间砧的切口比接穗粗得多时，使用皮下腹接。这是一种切开砧木的皮层，剥下树皮后将接穗插入树皮与木质部之间的方法（图 3-22、图 3-23）。适宜进行皮下腹接的时期在发芽后不久，此时容易剥下中间砧的树皮。

剪切接穗的方法与切接相同，确保与砧木紧贴的部分较长（长 2 厘米左右）。

砧木的切口要略宽于接穗，嫁接位置和切接相同，位于枝条上部。插入接穗后用

图 3-22　从砧木剥下树皮（皮下腹接）

图 3-23　将接穗插入树皮与木质部之间（皮下腹接）

图 3-24　用石蜡密封接穗与砧木的间隙

这一部分开口易导致嫁接部位干燥，成活状况不佳

图 3-25　接穗成活后的状态

新梢从接穗长出是成活的标志

绑条捆绑牢固。

　　皮下腹接中，接穗外侧很容易出现大的间隙，要用石蜡密封接穗与砧木的间隙以防止干燥（图 3-24）。其后，在接穗与砧木的切口处涂抹涂层剂。

　　若使用这种方法，在生长初期嫁接部位容易折断，因此要尽早加上夹板防止出现缺损。

高接后的护理

高接当年进行摘心和牵引

　　从接穗发芽长出新梢，就是成活的标志（图 3-25）。

　　高接后，大量新梢从砧木（原品种）长出。妨碍接穗生长的新梢应尽早切除，特别是嫁接枝上侧长出的新梢容易变为强势枝条，要尽早切除，但如果将颇有树龄的大树上长出的新梢全部剪掉，到了夏季，粗枝朝上一面暴露在日光中会晒伤树皮。因此，对于抵抗日晒较差的新梢来说，有必要将其留下。

到 8 月前后，要适时切除从枝条侧面长出的枝条。

不要在早期摘心时只留下 1 根接穗，这样处理会破坏地上与地下部分的平衡，削弱长势。而且，从接穗长出的新梢要全部保留。

高接后配合接穗上的新梢生长，可以使用夹板等工具进行捆绑和牵引（图 3-26）。嫁接后的 1 年内，嫁接部分愈合较慢，如果再加上风大且新梢生长旺盛，嫁接部分就很容易断裂。因此，建议将接穗用夹板捆绑在砧木上。此外，通过牵引直立生长的枝条可以促进之后的花芽成活，牵引也可以矫正枝条的生长方向。

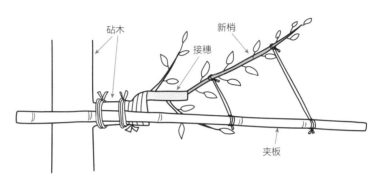

图 3-26 捆绑夹板并牵引新梢
将接穗用夹板绑在砧木上，防止嫁接部位断裂

整枝、剪枝的方法

如果用高接法更新，起初枝条的生长会非常旺盛。对主枝、侧枝等骨干枝进行预修剪可以促进枝条生长。然而，高接法更新的目的在于确保早期产量。因此，当树势较强时，为了提早结果，需注意以下事项。

①尽量保留枝条，树势稳定后再逐步整理。

②不要对长势较旺的枝条进行预修剪。

③控制施肥量。

如果高接后牵引不到位导致枝条直立生长，要用夹板等工具进行牵引。

（玉井 浩）

梨、西洋梨

◎ 用实生苗培育砧木

制备日本砂梨的砧木

目前，播种山梨、杜梨、豆梨种子培育实生苗，将其用作梨树砧木，但就土壤适应性来说，杜梨与豆梨应用范围更广。如果无法得到这种砧木，也可以使用栽培品种的实生苗。

种子的准备

从成熟果实取下种子，洗干净后放置于阴凉处使其干燥。这种状态下种子里的胚胎仍在休眠当中，因此即使条件适宜也不会发芽。为打破休眠，对其进行湿润低温处理，一般将打湿的河沙与种子混合，装入塑料袋中，放进冰箱在 5℃左右贮藏 2~3 个月。需事先用热水等对备用河沙消毒，以防止种子发霉。

播种与砧木的培育

大部分砧木的培育方法为：3 月上旬播种，条播或撒播后定植，或者直接播种到苗圃中，此时使苗幅宽为 60~100 厘米，播种行距为 10~15 厘米。播种后充分浇水，铺上稻草以防止干燥。自发芽后 1 个月起，适度少量播撒速效性肥料 1~2 次，这样即可培育当年嫁接所用的砧木。

还有一部分砧木的培育方法为：从成熟果实采种后充分洗净，在阴凉处风干，之后装入信封中保存。预计到了播种前约 1 个月，将种子放在水中浸泡 1 昼夜，给放种子的培养皿覆上滤纸并洒水，放进 5℃左右的冰箱保存。几周或 1 个月之后，种子休眠结束，幼根破壳长出，也可以在确认有幼根长出后播种。

制备西洋梨的砧木

嫁接西洋梨的砧木除前文所述的梨砧木外，普遍使用优选的榲桲类作为矮化砧木。现在各国使用的砧木有 EM-A、EM-B、EM-C、BA-29 等，而日本最常选用 EM-A 砧木。砧木品种不同，树冠大小也不同，EM-A 与 BA-29 的树冠几乎一样大，EM-B、EM-C 则小一些。这些砧木可以通过压条和扦插进行繁育，但压条法的稳定性更高。具体方法请参考苹果砧木制备的相关内容（参考第 32~37 页）。

并且，由于这类砧木与西洋梨品种的嫁接亲和性可能不好，所以使用已被证实具有亲和力的西洋梨品种 OH 作为中间砧比较安全，将中间砧长度控制在 5~10 厘米。

◎ 嫁接的实际操作

制备嫁接砧木

梨的嫁接繁育较为容易，嫁接要领与苹果等树种相同（参考第 38~47 页）。

西洋梨的矮化砧苗用 OH 等作为中间砧，常用第一年嫁接中间砧，第二年嫁接品种的二重嫁接等方法（图 3-27）。二重嫁接时，先在嫁接到砧木的 1~2 个月前，将接穗嫁接至中间砧上，用塑料袋妥善密封以防止干燥。为避免接穗和中间砧发芽，应放入冰箱贮藏。期间愈伤组织形成并成活，4 月将其嫁接在榲桲砧木上。嫁接位置定于地上 10 厘米左右。

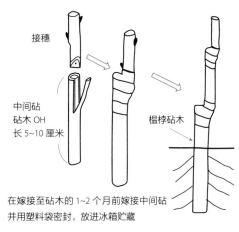

接穗

中间砧
砧木 OH
长 5~10 厘米

榲桲砧木

在嫁接至砧木的 1~2 个月前嫁接中间砧
并用塑料袋密封，放进冰箱贮藏

图 3-27　二重嫁接法

如何用高接法更新

对梨现有品种的更新方法与苹果相同，都可用高接法更新，要领也与苹果相同。如果一次性将所有粗枝更新，常常发生砧木过粗导致难以嫁接的现象，即使嫁接成功，接穗也无法顺利生长，花芽成活变得迟缓。

因此，如果在从粗枝长出的拇指大小的枝条上部嫁接，能够提高成活率，同时也可以促进早期花芽的成活。相反，即使对上部枝条长势强且不会进一步生长的枝条嫁接，也会使接穗生长变差，要多加注意。

另外，主枝、侧枝等骨干枝更新也可使用腹接的方法（图 3-28）。此时，如果切断非常接近嫁接处的前中间砧木，

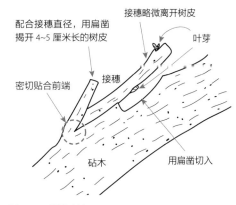

配合接穗直径，用扁凿
揭开 4~5 厘米长的树皮

接穗略微离开树皮

叶芽

密切贴合前端

接穗

砧木

用扁凿切入

图 3-28　腹接方法

容易导致树势衰弱或树形较乱，因此要一边逐步缩小砧木部分，一边促进从接穗部分长出的枝条的生长，达到更新的目的（图3-29）。

图3-29　梨的高接法更新
箭头所指是嫁接部位，用黑色绑条缠绕的接穗枝条有所生长

◎ 嫁接后的护理

嫁接成活后，接穗上的各个芽都开始长出新梢，此时需要做摘心操作，只促进1根枝条的发育。砧木也开始长出新梢，要挨个摘心。因为新梢长势旺盛，迎风的嫁接部位可能会折断，所以要给苗木加以支撑，防止新梢折断，保证其笔直地生长。

高接法中有些新梢长势特别旺盛，因此要给砧木部位捆绑夹板，固定接穗新梢，努力防止其折断，同时要从6月前后开始牵引，使前端新梢朝着目标方向伸展。在新梢木质化前剪枝并牵引，使其成为结果枝，要尽早剪去背面长出的花芽。

砧木上靠近嫁接处的地方会长出大量新梢，但为了促进接穗生长应尽早剪去。一次性更新导致叶片面积极度减少时，为保证一定的叶片面积，要逐步对其进行整理。

（臼田　彰）

核果类
（桃、李、梅、樱桃等）

◎ 制备砧木

树种不同，核果类砧木的培育方法也不同。桃、杏、梅使用野生和栽培的幼苗，李和樱桃从通过扦插繁育的母株采取插穗，扦插后培育为砧木。

用实生苗培育砧木

砧木多使用同一系列或同一品种的种子。一般来说，栽培品种中的早熟品种容易出现胚胎不够充实或不发芽的情况，但若为野生品种，即使是早熟品种，胚胎也很充实，并且发芽率高，推荐桃使用大初桃和筑波系砧木等。

种子的采取与贮藏

收获成熟果实并取出种子后，认真洗净种子上附着的果肉，将其适度风干。贮藏时可以将其放进塑料袋，密封后放置于冰箱中（湿润低温处理，参考第29页），或者在罐子、盒子中放入湿沙和种子，交替铺垫进行贮藏。贮藏过程中，如果种子干燥，发芽率会大幅下降，但是需注意，过于潮湿会夺取空气，导致种子腐烂。

对果实较小的野生桃品种，秋播时也可以连着果肉埋到土壤中，但栽培品种的果实很大，埋进土壤后果肉会腐败，进而可能分泌气体使种子窒息。

播种时的注意事项

根据播种时期不同，可分为春播与秋播，在冬季干燥或由于春季融雪而过度潮湿的地方，春播更为合适。

不论春播还是秋播，种子都必须保持在低温状态下一段时间，打破休眠状态（参考第29页）。打破休眠、地表温度升高，再加上适度的水分，种子就会自然破裂发芽。

进入3月可以进行春播，需要注意的是，若播种时间推迟，贮藏中的种子就会发芽。并且，梅的种子发芽较早，1月底前要完成播种。

如果不慎让贮藏中的种子干燥，或没有充分适应低温状态，要将其浸入水中5~7天，使其充分吸水（期间换水2~3次），再放进湿沙当中，于0~5℃的冰箱中低温处理 3~4 周，然后进行播种。

播种时，为方便操作，将条播行距配置为 70~80 厘米，株距配置为 10 厘米。培育过程中应适当浇水，并做好病虫害防治工作。施肥过多易导致砧木体积过大，给嫁接操作造成困难。

通过扦插制备砧木

作为樱桃砧木的青叶樱或李砧木（樱桃李的一个品系）通过扦插培育砧木，可采用苹果楸子砧木的培育方式进行培育（参考第 32 页）。

◎ 嫁接的实际操作

核果类果树的嫁接繁育可分为早春的硬枝嫁接、生长期间的芽接及嫩枝嫁接。对于桃，一般来说芽接成活率更高，若用石蜡封口膜固定，切接也能达到很高的成活率。

芽接法

嫁接的准备工作

适宜嫁接的时期是 8 月下旬~9 月下旬，过早嫁接可能导致接芽已经生长，过迟则气温降低，对成活率产生负面影响。

注意不要弄错接穗品种，使用芽充实的新梢（长 30 厘米以上）。采取枝条后立即剪切叶片，但要留下叶柄，移动时为防止水分蒸腾，要包裹浸湿的报纸，放进塑料袋。

核果类果树的叶芽、花芽（图 3-30）有所不同。要仔细确认芽的状态，确保使用带有叶芽的部分作为接穗。此外，如果嫁接后的芽的状态有损伤，接穗就不会发芽，因此为保证安全，重要的品种要在 2~3 处进行嫁接。

嵌芽接与"丁"字形芽接的实际操作

芽接方法分为嵌芽接与"丁"字形芽接，嵌芽接中，即使砧木和接穗的树皮不易剥去，也不妨碍嫁接，然而"丁"字形芽接的条件是砧木和接穗必须能够剥去树皮。

新梢生长过程中容易剥去树皮，但给停止生长的新梢浇水，数天后再进行操作，树皮也会变得容易剥除。

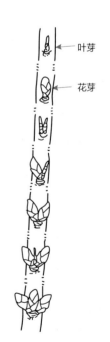

叶芽

花芽

图 3-30 芽的不同
桃结果枝上的花芽圆而膨大，叶芽细而干瘪 （熊代 供图）

嵌芽接中，从芽上方约 1.4 厘米处向下切削，尽可能只削下紧靠芽下方的木质部薄层（图 3-31）。接着，在芽下方约 1.6 厘米处平行于芽横切一刀，再向斜下方切入，切下接芽，也可连带木质部一同切下。

对于砧木，选择位于农田南侧、地面上方 10 厘米左右的表皮光滑的枝条，与制备接芽时相同，削去长 2 厘米的树皮，使其连带少许木质部，切出一个舌状的切口（图 3-32）。将接芽嵌入砧木，使二者贴紧（图 3-33），用绑条捆绑。

"丁"字形芽接中，在接芽上方横切一刀，深度控制在表皮，接着从芽下方向上切削，削去芽背后的木质部（图 3-34），从接芽上剥离木质部。再以"丁"字形切入砧木，将接芽插入剥去树皮后的砧木（图 3-35、图 3-36），最后用绑条捆绑。

图 3-31　嵌芽接中接芽的制备
从芽上方切入一刀，只削切表皮，再从下方斜切，取下接芽

图 3-32　嵌芽接中砧木的制备
砧木与接芽切削方法相同，倾斜切出可以让芽嵌入的切口

图 3-33　嵌芽接中嵌入接芽
将接芽嵌入砧木，用绑条捆绑

图 3-34　"丁"字形芽接中接芽的制备
在芽上方水平横切一刀，接着从下向上削去芽背后的木质部

图 3-35　"丁"字形芽接砧木的制备
使切口呈"丁"字形，用扁凿等工具剥开树皮

图 3-36　"丁"字形芽接中插入接芽
把接芽插入砧木，用绑条捆紧

绑条包括塑料绑条和石蜡封口膜等种类。需注意，砧木体积过大可能导致塑料绑条嵌入枝条皮层，捆绑时芽外露还可能遭受苹果透翅蛾的侵害。

若操作时不需要使芽露出，就可用石蜡封口膜捆绑整个嫁接处，这样操作相对容易。第二年春季，嫁接后的芽会撑破石蜡封口膜长出，所以也不用担心石蜡封口膜勒进枝条或苹果透翅蛾病害，但要注意切勿将芽的部分缠绕得过紧。

芽是否成活要根据嫁接后 10 天左右的叶柄状态判断。用手指触摸叶柄，如果掉落则表示已经成活，如果叶片发黑枯萎且不掉落，则没有成活，需要再次进行芽接。

硬枝嫁接法

硬枝嫁接法有掘接和地接 2 种，地接适宜在 4 月中上旬进行。嫁接要领参照苹果嫁接相关内容（参考第 38~47 页）。

接穗（休眠枝）可以到 3 月上旬前采取芽，不做催芽处理立即嫁接，或密封于塑料袋（厚度为 0.1 毫米）中，贮藏在 0~5℃的冰箱里。

嫁接核果类果树时提高成活率的要点在于将接穗和砧木形成层的两侧都贴合在一起来。用绑条绑紧嫁接处，用石蜡封口膜包裹整个嫁接部位，防止干燥。

◎ 嫁接后的护理

要将嫁接后苗木的苗幅宽配置为 1 米左右，株距配置为 20 厘米左右，同时注意防止土壤干燥或过湿，适时做好防治病虫害的工作。

新梢长出后，为防止其折断，立起支柱来牵引新梢直立生长。

而且，樱桃等树种也在使用无纺布花盆进行大型苗木的培育。在花盆里培育 2~3 年后，将带有花蕾的苗木移植到大田，可以使其更早结果，又因为这种方法对根系损伤较少，因此定植时常常采用该方法。

（木原 宏）

葡萄

◎ 葡萄的繁育方法

繁育特征

葡萄通过扦插很容易生根，因此通过自根苗繁育较为简单。然而，寄生于自根苗的葡萄根瘤蚜会使树势衰弱、根系浅，使得果树适应环境的能力较差，从而导致生产不稳定。因此，一般选用抵抗力较强的砧木培育出的嫁接苗繁育葡萄。

嫁接可能会导致果树感染病毒，因此砧木和接穗都要确保无病毒感染。另外，用于采取接穗的母株也要选择生长健康且果实质量良好的品种。

嫁接方法的选择

葡萄的嫁接方法包括嫩枝劈接、嫩枝靠接，即给砧木的新梢嫁接该接穗的新梢，另外还有鞍接，即在室内嫁接同为休眠枝（一年生枝条）的砧木和接穗。前两种方法新手也可以轻松上手，但难以量产。最后一种方法可以提高嫁接效率，但要求操作者能熟练地进行管理工作，因此不太适合初学者。

以下讲解最容易成功的嫩枝劈接法。

◎ 嫁接的实际操作

通过扦插制备砧木

嫩枝劈接是一种将接穗新梢（新芽）嫁接到从砧木长出的新梢（当年长出的枝条）上的方法。砧木通过扦插培育。

砧木品种的选择

根据接穗和栽种环境选择砧木品种，一般选用半矮化砧木 Teleki 系 5BB。但对于像欧洲品种那样树势较强的品种或在肥沃的土壤中，可以考虑使用半矮化的 3309 和矮化的 101-14 等品种的砧木。

插穗的采取与贮藏

从落完叶到 12 月，采取作为插穗的休眠枝，如果等到严冬期（1~2 月）采取，容易造成发芽不良。

要选择横切面接近圆形、粗细一致的充实枝条作为插穗。采取后放进塑料袋以防止干燥，再贮藏到冰箱（2~3℃）中，或者埋到阴凉处的土壤中，贮藏至第二年春季。

插床的准备

整地后，在充分灌溉的农田中堆起田埂，用黑色地膜覆盖。在黑色地膜上每隔约 15 厘米捅开 1 个用于扦插的小孔。

插穗的制备与扦插

实施扦插的时间为 3 月以后，特别是在寒冷地区，插穗发芽的最佳时期是没有晚霜的时候，因此 4 月前后最为适宜。

扦插前一天从冰箱取出 2~3 根插穗，剪切齐整（长 20~25 厘米），削去前端芽以外的芽（图 3-37），在水中浸泡 24 小时。制备时不使用出现异常或已经干燥的枝条和芽。

将插穗竖直插入，露出芽，在插穗的尖端与芽的切除部位涂上涂层剂，防止干燥（图 3-38）。

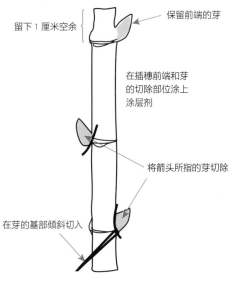

留下 1 厘米空余

保留前端的芽

在插穗前端和芽的切除部位涂上涂层剂

将箭头所指的芽切除

在芽的基部倾斜切入

图 3-37　插穗的制备方法

图 3-38　扦插完成后发芽的状态（砧木品种）
扦插间距约为 15 厘米，需事先在黑色地膜上开孔

发芽后的管理

给发芽并生长的新梢捆绑上起牵引作用的夹板，辅助其生长。

如果新梢生长情况良好，扦插后当年内就可以作为砧木用于嫁接；如果新梢生长不充分，则继续培育 1 年，第二年春季修剪至基部，用新长出的新梢进行嫁接。

嫩枝嫁接操作

开花前的 5 月下旬 ~6 月中旬最适宜嫁接。早于这一时期则树叶流动活跃；反之，过迟则会使砧木新梢逐渐硬化，不利于成活。

接穗的采取与制备

选择接穗生长良好且充实的新梢（有 10 片叶以上的枝条），采取其中间部位至靠近基部的部位作为接穗。枝条略微变硬，副梢已经开始活动的部位最为合适（图 3-39）。

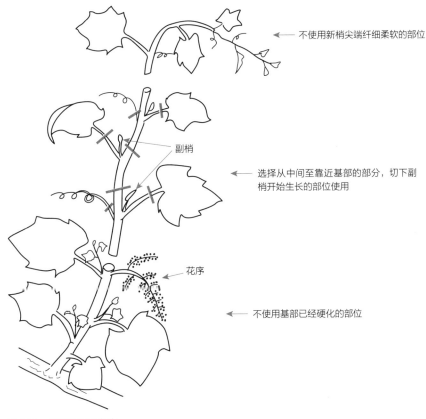

不使用新梢尖端纤细柔软的部位

副梢

选择从中间至靠近基部的部分，切下副梢开始生长的部位使用

花序

不使用基部已经硬化的部位

图 3-39　接穗的采取方法

将采取的接穗上的叶柄留下，剪掉所有叶片，插入盛有水的水桶中运输。

在芽上方保留 1~2 厘米长的一小段，将整个接穗切削为长 5~7 厘米的楔形枝段，不要切除叶柄（图 3-40 ①）。

砧木的制备

决定嫁接部位后，修剪该处。通常，适宜的嫁接位置是从刚刚展开的叶片起至向下 3~4 片叶的节间，此处软硬度也适宜。

向新梢横截面中央位置竖直插入刀片，使切口前端刚好到达下面一个节，深 2~3 厘米（图 3-40 ②）。

此时不要使用嫁接刀等较厚的刀片，而要使用剃刀或薄片美工刀。

插入并固定接穗

挑选粗细与砧木相同的接穗，插入砧木深处，使二者形成层贴合（图 3-40 ③）。

葡萄的枝条较为扁平，因此调整切削接穗的方向及砧木切口方向比较容易。制备接穗、砧木时要充分考虑，使二者的粗细相适应。

用石蜡封口膜缠绕嫁接处及整个接穗（图 3-40 ④），特别是接穗容易从尖端开始干燥，因此一定要捆绑该部位。但需注意，不要将开始萌动的副梢也绑进去。

确认成活

如果成活，嫁接后约 1 周，接穗上的叶柄就会变黄脱落。只要出现这个现象，基本可以判断嫁接成功。如果整个接穗干瘪，那么很遗憾，说明没有成活。

使用休眠枝作为接穗的嫁接方法

也有用休眠枝（上一年长出的枝条）代替新梢（嫩枝）作为接穗的嫁接方法（图 3-40 ⑤、图 3-40 ⑥）。它的好处有：接穗生长更容易，也容易携带接穗在不同田圃间移动；成活后新梢生长更旺盛。

基本管理方法与嫩枝嫁接相同，但如果接穗干燥，则成活情况不佳。如果在健康状态下保存接穗至适宜嫁接的 5 月，休眠枝会比嫩枝更易生产优良苗木。

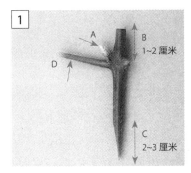

①接穗的制备

A：最好选择在副梢开始活动，第一片叶即
　　将展开的节间（芽）

B：芽上方保留 1~2 厘米

C：将接穗基部的 2~3 厘米切削为楔形

D：保留叶柄，可以保留 1~2 厘米

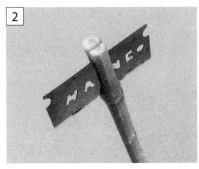

②砧木的制备

A：竖直将刀片插入新梢中心，深 2~3 厘米，
　　恰好到达下面一个节间

B：使用剃刀或美工刀等刀刃较薄的刀片更易
　　于操作

③插入接穗

A：尽量使用粗细相同的接穗与砧木

B：将接穗插入到切口的最深处，注意
　　不要留空隙

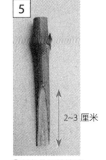

⑥插入休眠枝接穗
　　紧紧贴合形成层（箭
　　头处）

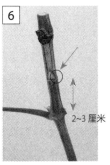

④用石蜡封口膜固定

A：保留已经开始活动的副
　　梢，用石蜡封口膜缠绕
　　固定嫁接处及整个接穗

B：使用时略微用力拉伸石
　　蜡封口膜

C：嫁接前几天，提前对新
　　梢掐尖，副梢就更容易
　　处于活跃状态

⑤制备休眠枝接穗

图 3-40　嫩枝、休眠枝嫁接的操作步骤
①~④为使用嫩枝嫁接，⑤和⑥为使用休眠枝嫁接

◎ 嫁接后的护理

随时对长出的新梢进行牵引，保证其不被强风折断。此外，一定要剪除砧木上的副梢，如果不及时操作，成活率和接穗的生长情况就会变差（图 3-41）。

如果 8 月中旬后新梢仍在生长，要对其前端掐尖，让枝条更充实。

以上是有关嫩枝嫁接的内容，要点有：

①用较硬的接穗接在较软的砧木处。

②成活后，及时多次修剪砧木上长出的副梢。

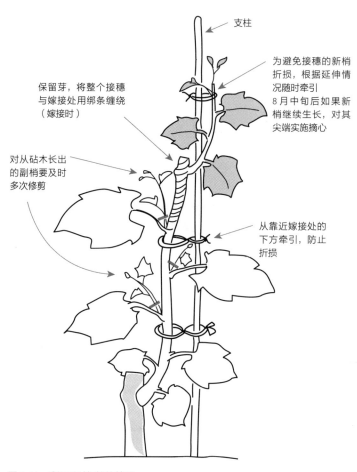

图 3-41　成活后对新梢的管理

（泉　克明）

板栗

在日本，繁育板栗一般使用野生的茅栗等进行嫁接，由于栗瘿蜂危害与杂木林的减少，难以买到茅栗，因此最近也将栽培品种的实生苗用作砧木，但是此类砧木与板栗实生苗的不亲和性是一个大问题。

◎ 用实生苗培育砧木

种子的熏蒸与贮藏

种子一旦干燥，发芽能力就会减弱。为防治栗实象鼻虫，还应对其做熏蒸处理，并使用锯末、泥炭藓和蛭石等混合土壤在湿润状态下冷藏（参考第 29~30 页），再将种子放进塑料袋，以保持适宜湿度。

播种

待地表温度升高到 12℃左右，进行露天播种。当经过湿润低温处理的种子的新根约 1 厘米长时，将直根剪掉。与带有直根的实生苗砧木相比，剪去直根的实生苗砧木显示出的矮化倾向更大。

在种子上方覆盖约 3 厘米厚的土壤，铺上稻草以防止干燥，发芽就会更齐整。发芽后为防止杂草生长，在种子生长过程中要多次施肥。这样培育的实生苗砧木在第二年可以用于嫁接。

◎ 嫁接的实际操作

接穗的采取与贮藏

板栗嫁接是否成活与嫁接时期、接穗质量、贮藏条件等有很大的关系。使用芽充实且没有过分徒长的一年生枝条作为接穗，适宜采取接穗的时期是发芽前，即树液开始流动之前。接穗需放在厚实的塑料袋中密封保存，防止其干燥，贮藏于 1~4℃的低温环境中。

嫁接的时期与方法

为预防板栗的冻害、枯萎病和疫病，应在砧木露出地表 50~70 厘米的高度嫁接。

也有在早春于砧木发芽前切接的方法，但一般要等到 4 月下旬~5 月，砧木树液流动活跃后且树皮容易剥落时。对事先贮藏好的接穗进行腹接。9 月中下旬适宜芽接，此时新梢的芽充实。这一时期砧木树液流动旺盛，树皮容易剥落。

腹接操作

将砧木在嫁接高度切断，接穗要带 2~3 个芽。在接穗基部的芽下方 2~3 厘米处斜切一刀，再斜切另一面，深度约为 5 厘米。板栗等山毛榉科植物枝条的横断面在木质部有 4~5 条凹槽（韧皮部维管束），嫁接时，如果选这个部位作为接穗和砧木的贴合面，形成层就很难紧密贴合。因此，嫁接要避开砧木凹陷的一面，根据接穗粗细用小刀在砧木上纵切两刀（图 3-42）。剥下该部位的树皮，插入接穗并贴合形成层，缠绕塑料或石蜡膜材质的绑条固定。为防止从嫁接切口干燥，要套上嫁接专用袋（塑料袋）。

◎ 嫁接后的护理

从接穗长出的新梢撑满袋内时，在袋子前端开个洞，通风几天后，选择一个阴天取下袋子。其后，新梢长 10 厘米左右时，从 2~3 根新梢中挑选出生长状况较好的一根，剪去其他新梢，再给留下的新梢捆绑嫁接细竹竿等支柱固定，防止其被强风折断。分数次剪去从砧木生长出的新梢（砧芽）。为保持嫁接处强韧，至第二年春季为止都不要取下绑条，但也要注意不要使绑条嵌入枝条里（图 3-43）。

（小池洋男）

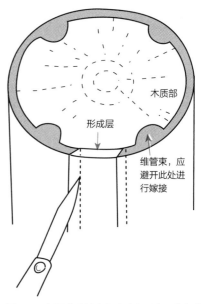

图 3-42 板栗的腹接中露出砧木形成层的方式（Huang 供图）

图 3-43 在实生苗砧木露出地面 60 厘米左右的高度处嫁接培育而成的一年生苗木（日本果树研究所泽村丰 供图）

核桃

过去，因为核桃嫁接有难度，便都使用实生苗繁育。现在，常用一种在简易电热温床上种植砧木促进其生长，同时嫁接休眠枝的繁育方法，有着近100%的存活率。它是一种通过提高温度促进嫁接部位愈伤组织形成的切接法。

◎ 用实生苗培育砧木

砧木的种类

使用一年生实生苗作为砧木，一般使用核桃、胡桃楸、姬胡桃、信浓核桃等品种，然而最近主要开始使用野生的胡桃楸和姬胡桃等。

种子的准备及播种

剥去青壳，并进行水选，除去浮于水面的种子后阴干贮藏。贮藏时最好与打湿的泥炭土混合，密封于塑料袋中，贮存在1~5℃的冰箱里，即在湿润低温条件下贮藏（参考第29~30页）。核桃经过60~80天湿润低温处理以打破休眠，准备播种后的发芽。

春季（3月下旬~4月），在临近幼根长出时播种。

如图3-44所示，幼芽沿着种子的缝合线向上生长，幼根向下生长，所以要将缝合线的一部分置于地上，一部分置于地下，并盖上约5厘米厚的土壤。为保证核桃生长旺盛，应将播种间距配置为约20厘米。胡桃楸的种子发芽需60天，姬胡桃需约45天。

◎ 嫁接的实际操作

接穗的采取

嫁接接穗以基部直径为8~10毫米、长30~50厘米，节间较短，髓较小（切除基部再判断）的一年生枝条最为合适。2月前后采取接穗，密封于塑料袋中并放进冰箱（1~5℃）贮藏。

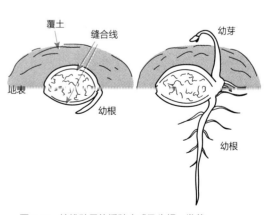

图 3-44 核桃种子的播种方式及生根、发芽

嫁接操作

使用一年生实生苗作为砧木，在砧木发芽且生长旺盛的时期嫁接最为适宜，即4月下旬~5月上旬、气温升高至15℃左右时。此时砧木树液流动旺盛，切口处的愈伤组织更容易形成，然而，露天嫁接的成活率高的也只有40%~50%。

对于接穗的直径大于其他果树的核桃，选用与接穗直径相匹配的砧木是提高成活率的一大技巧。避免使用纤细的砧木，而要使用地表以上约5厘米处直径为10毫米以上的砧木，选择茎髓较小且拥有木质部，带有2~3个芽的部位作为接穗，切至7~10厘米长。

枝接法中要使砧木与接穗密切贴合，用绑条缠绕固定。此时，为防止切口处的干燥，涂抹石蜡等涂层剂十分重要，嫁接后套上塑料袋同样可以起到防止干燥的作用。

简易电热温床的使用

在可加热塑料大棚里或使用温室内的简易电热温床嫁接时，在深秋于实生砧木落叶后将其掘起并移植。在其因低温环境打破休眠时（12月下旬后）栽种到温床，3月萌芽时（新根生出前）开始嫁接。接穗要使用2月下旬采取且经过塑料袋密封贮藏的枝条（图3-45）。

◎ 嫁接后的护理

从接穗长出的新梢撑满袋内时，在袋子前端捅开小孔，使其习惯外部空气环境（图3-46）。此外的护理方式可参照板栗等树种。

（小池洋男）

图 3-45　使用高脚式简易电热温床进行信浓核桃的嫁接（日本信州大学矢岛征雄解说并供图）

使用胡桃楸或姬胡桃的一年生实生苗，将温床温度（靠近砧木根系的位置）调至略低于20℃，给露出地面的部分套上塑料袋。第二年3月上旬，在顶芽萌芽后、表皮与木质部变得极易分离的状态下且新根生长之前进行嫁接

图 3-46　4月中旬袋接法的成活状态（日本信州大学矢岛征雄解说并供图）

如图3-45所示状态，袋接指的是向砧木表皮与木质部间插入接穗的方法

柿

◎ 用实生苗培育砧木

共砧与君迁子砧木

柿的砧木一般使用栽培品种播种培育而成的实生苗（共砧）。柿的主根性强，须根少，抗旱、抗湿能力强，各品种之间均有嫁接亲和力。

实生的野生君迁子砧木在日本关东以北的寒冷地带分布广泛，与共砧相比发芽情况良好，实生苗与嫁接后的接穗均生长旺盛，还有根系较浅、须根较少的特点，与共砧相比耐寒性较强，耐旱、耐湿性较差。接穗品种不同，嫁接亲和性也有不同，与富有、正月、横野、田仓等品种嫁接不亲和，生长状况不佳。

种子的准备及播种

所有种子都从成熟果实上采取，充分水洗后放进湿度适宜的锯末或河沙中，放置于阴凉处贮藏至第二年春季（湿润低温环境下贮藏，参考第29~30页）。为了将种子从休眠状态唤醒，对种子进行5~10℃的低温处理，最适处理温度为10℃，高于其他树种。在预定播种前15~20天，拿出贮藏的种子，使其充分吸水，3月中下旬进行播种。

也有少数砧木可以从成熟果实采种后立即种下。此时，打破休眠状态的低温处理要在自然状态下进行。

在初冬挖取栽培的实生苗，选择生长状况良好的苗木作为砧木，定植时将行距配置为15~20厘米。

◎ 嫁接的实际操作

制备接穗

制备接穗时，不使用上一年结果的结果枝或徒长枝，而使用长30厘米左右、日照良好的充实结果母枝（一年生枝条，同年从该处花蕾长出的嫩芽上开花结果）。2月采取接穗，密封进塑料袋以防止干燥，并保存在冰箱里。如图3-47所示，由于结果母枝前端约 3 个芽是花芽，基部叶芽又不够充实，因此使用中间较为充实的叶芽。

嫁接操作

柿适合用切接法繁育，在砧木开始活动的催芽时期（在日本长野是 4 月上旬），于砧木露出地表约 20 厘米的位置进行嫁接。嫁接处的砧木以铅笔粗细至拇指粗细为宜。

嫁接的要领与苹果嫁接相同（参考第 38~47 页），将接穗调整为带 1~2 个芽，仅在一侧或两侧都对齐砧木和接穗的形成层，用绑条捆紧嫁接处，并在接穗上方切口处涂抹涂层剂以防止干燥。这些都十分重要。并且，柿嫁接的要点在于趁切口处的树液还未干燥，迅速贴合接穗与砧木的形成层。

高接法更新

与苹果等树种相同，可以对现有品种进行高接法更新（参考第 48 页、图 3-48）。

高接的要领在于，虽然可以进行切接、劈接、皮下腹接，但用劈接法在嫁接处更容易固定，生长后的折损也更少。

如果一次性更新所有粗枝，常会造成砧木过粗、不易嫁接的后果，即使嫁接成功，成活也有迟缓。在粗枝长出的拇指粗细的枝条上找几处嫁接，可以提高成活率，同时也有助于早期花芽的成活。要注意的是，嫁接在较为强劲且基本停止生长的相邻枝条上，会对接穗的生长造成不利影响。

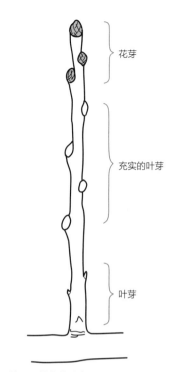

图 3-47　结果母枝的芽分布

图 3-48　柿的高接法更新
更新所有侧枝。侧枝基部扩大的部分为嫁接部位

◎ 嫁接后的护理

嫁接成活后，接穗上的各个叶芽开始长出新梢，保留生长方向与长势最佳的 1根，剪除其余的芽。由于砧木上也会长出新梢，除萌的过程不可太快。如果新梢生长旺盛，柿的叶片可能过大，容易被风折断，为防止这种情况发生，可以捆绑一个笔直的夹板。

高接树种会生长得格外旺盛，要给接穗添加夹板以固定新梢，防止折损。

（臼田 彰）

无花果

繁育无花果的方法有扦插、嫁接、压条，但通常使用扦插法培育幼苗。扦插成活率高，操作简单。

◎ 通过扦插进行繁育

插穗的采取与贮藏

插穗采取适合在 2 月~3 月上旬进行，这样贮藏时间不至于太长，损失较少。

要在过去没有发生过枝枯病的田地，选用充实的一年生枝条。将采取后的插穗捆成一束，贮存在排水良好且温度稳定的阴凉土壤中（图 3-49），或用塑料袋包裹，于 0~5℃贮藏。贮藏时为防止由过度潮湿引起发霉或干燥，从而导致插穗死亡，要保持袋内适度湿润。

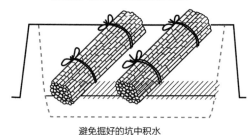

贮藏时，使枝条前端略露出地面

避免掘好的坑中积水

图 3-49　用作插穗的一年生枝条的贮藏方式

扦插时期与插穗的制备

无花果在落叶果树中最不耐寒。如果是温暖地区，则在 2 月下旬~3 月上旬扦插，如果是有冻害危险的寒冷地区，则要推迟到 3 月中下旬。然而即使在温暖地区，如果是昼夜温差很大的内陆地区，也最好推迟扦插时间，以最大限度预防冻害。

制备插穗时，将枝条的充实部位剪下长 20 厘米左右（2~3 节）（图 3-50）。上端在节以上 2~3 厘米处水平横切一刀，下端则在节的正下方横切一刀，再略微削

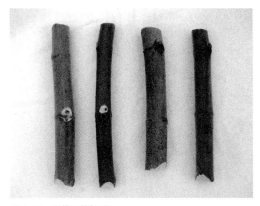

图 3-50　无花果的插穗

切两个侧面。为使插进土壤中的部分不成为基芽，要进行修剪。

准备插床

扦插地点要选在比较肥沃且排水良好、可灌溉的田地。避免选择种植过无花果的田地，因为容易造成连年减产或受到线虫侵害。无花果很难抵御线虫侵害，因此需要避免选择先前种植过甘薯或番茄这类易被线虫寄生的作物的田地，对于大型有机质较多的农田要注意预防白纹羽病。

开始耕地后做垄，垄宽约 1 米、高约 20 厘米，并将其作为插床。在土壤较为瘠薄的地方提前倒入成熟的堆肥。

扦插操作

在插床上每隔 2~3 行（约 30 厘米）进行扦插（图 3-51）。扦插方法是，使芽向上，保证前端芽略微露出地面，倾斜扦插。此外，需在插穗最上方的切口处涂抹木工胶以防止干燥。如果插穗较短或土壤干燥，则以接近垂直的角度插入，在寒冷地区可以将插穗全部埋在地下，虽然这样会导致发芽时间推迟，但可以减少因冻害枯死的情况。

扦插后，轻轻踏实枝条周围的土壤。可以在插床上铺黑色地膜，防止枝条干燥和杂草生长。

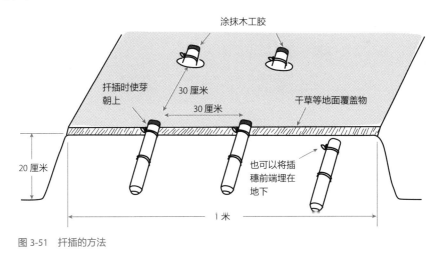

图 3-51　扦插的方法

扦插后的管理

由于插穗发芽及展叶后特别不耐干旱，扦插后需铺上干草并浇水以防止干旱，此外，如果预计气温会下降，要对地表之上的部分做好防寒对策。

发芽后除萌，只留 1 根新梢，使其直立生长（图 3-52）。从新梢腋芽长出的副梢会长得过度繁茂，因此需要剪除，但如果从基部剪除，第二年就不会发芽，因此需要保留 1 节。此后，6 月前后根据生长情况追肥，如果氮肥生效缓慢会导致新梢生长推迟，不够充实，并且不耐冻害。

目标是最终培育长 1 米以上、基部直径为 2 厘米以上、副梢较少、比较充实的苗木。3 月上旬将苗木掘起并定植。

图 3-52　扦插后第二个月的成活状态

◎ **通过嫁接进行繁育**

一般不对无花果进行嫁接，但作为强化树势的对策（忌连作对策），也有使用 Zidi 或白色热那亚等树势较强的品种嫁接的案例。

嫁接时期为萌芽期的 3 月下旬～4 月上旬，采用切接、劈接、袋接的方式进行，接穗保存方法与插穗相同，剪取带有 2 个芽的长度（长约 10 厘米）。具体操作方法与其他树种相同，但无花果的枝条因材质粗糙、树髓较多，所以容易干燥，要涂上石蜡或木工胶，用石蜡封口膜缠绕以防止干燥。

（真野隆司）

猕猴桃

　　猕猴桃一般通过嫁接进行繁育。一般在冬季于实生苗砧木上嫁接海沃德（雌性品种）与汤姆利（雄性品种）的接穗，但考虑到实生砧木个体差异，也有扦插培育树势强的品种，将其作为砧木对经济栽培品种进行高接的方法。

◎ 用实生苗培育砧木

　　对秋季收获的猕猴桃进行催熟，碾碎变软的果实，取出种子。用纱布和滤网等可以较为容易地分离果肉和种子。用充分湿润的纸巾包裹种子，放入袋中，在湿润、低温条件下（冰箱里）贮存（湿润低温处理，参考第29~30页）。

　　3月下旬，将充分湿润的滤纸放置于培养皿中，在其上播种，补充水分，使种子微微浸湿并在室温下发芽，在日本西南温暖地区则要等到4月中旬（寒冷地区是在不再霜降以后），将发芽的幼苗植入装有腐殖土等的塑料育苗盆中。其后根据生长情况定植苗木，使实生苗快速生长。

　　将这种实生苗作为砧木进行嫁接。使用粗细相同的接穗和砧木品种，嫁接会更容易。往细砧木上嫁接粗的接穗会很难操作，因此在砧木生长不充分时候考虑再培育1年后使用。

◎ 嫁接的实际操作

制备接穗

　　采取接穗时，收集剪枝时处于休眠中的一年生枝条，每段上有1个芽，用加热后的石蜡涂抹切面并冷藏，当接穗数量较少时，也可以用石蜡封口膜缠绕保存。

嫁接操作

　　冬季落叶时期可随时掘起砧木进行掘接，而对于不掘起砧木，直接在农田的砧木上嫁接的地接来说，树液完全停止流动的严寒期（1月下旬~2月中旬）是最佳嫁接时期。在高接等切口较大的情况下，特别是如果推迟嫁接时间，从切口流出的树液就无

法停止，很有可能导致树势衰弱（图3-53）。

嫁接方法主要有切接、腹接等，操作方法与其他果树相同。

授粉雄株的高接法

猕猴桃分雌株和雄株，雄株无法结果，雌株没有花粉，因此必须经历受粉这个步骤。然而，雄株树势较强，生长旺盛，有时枝条会多如<u>丛</u>林，为在狭窄的地方培育猕猴桃，对雄株的一部分枝条进行高接是行之有效的方法（图3-54）。

高接后，要反复对雄枝进行摘心，控制其不要长得过长。

图3-53　嫁接后的发芽状况

◎ 嫁接后的护理

嫁接后经常出现的问题是砧木的新梢（砧芽）生长旺盛，有时还会阻碍接穗新梢的生长。如图3-55所示，重要的是趁砧木上的叶芽还未长大时仔细除萌。

猕猴桃是蔓性植物，枝条生长旺盛，需要支柱辅助支撑，将枝条牵引到支柱，或者像葡萄一样牵引到架子上。4月下旬~5月中旬枝条长长，因此容易被风吹落，要尽早牵引到支柱上。

图3-54　在枝条较粗的部位高接其他品种的案例
如果嫁接时使芽朝下，之后牵引会更容易

图3-55　长出的砧芽（箭头处），此时进行除萌

◎ 通过扦插进行繁育

繁育猕猴桃可以采用嫩枝扦插和硬枝扦插法。嫩枝扦插的方法是，将当年长出的新梢在 6~8 月剪下，避开前端柔软的部分，将基部充实的部分调整到带 2 个芽，再插在蛭石上。扦插后覆盖细纱布，定期喷洒雾状水以维持湿度、防止干燥，等待其生根。

高桥等将温室大棚喷雾系统工作的时间设定为白天每隔 10~15 分钟、夜间每隔 2~3 小时喷洒 1 次，使用 2 节长的插穗（将叶片切去 1/3），用各种各样的猕猴桃试验发现，6~8 月生根率高，但到了 9 月生根率有所下降（摘自 2005 年《园艺学会杂志》附刊）。猕猴桃扦插过程中，使用喷雾装置来保持湿度非常重要。如果没有喷雾装置，采用上述嫁接法繁育也非常简单。

（末泽克彦）

枇杷

◎ 用实生苗培育砧木

枇杷的砧木采用栽培品种的实生苗 (共砧)。只要达到适合嫁接的大小，任何品种都可以用作砧木。通常采用 3~4 年生的实生苗，只要每年少量播种就能常年确保砧木的数量。

从成熟果实中取出种子，洗去黏液后立即播种。在事先准备好的苗圃或花盆里，以 3 厘米的深度、15~20 厘米的间距播种。在地上铺稻草、稻壳等，防止地表干燥。如果在 6 月上旬前播种，经过 1 个月，梅雨期过去前就会发芽。如果播种延迟，由于夏季高温、干燥，发芽会推迟到秋季以后，实生苗的生长就会大幅度延迟，因此要注意尽早播种。

发芽不久的实生苗容易因雨水传染而患上落叶病，如果降雨量大甚至有苗全部死亡的风险。播种后至少要避雨栽培 1 年，才能获得成品率良好的健康实生苗。适当浇水培育 3~4 年后，实生苗会成长到 1.5 厘米的直径，这样就得到了适合嫁接的砧木。如果用这种方法，直接播种也可以培育砧木。

◎ 嫁接的实际操作

嫁接的时期与方法

枇杷的嫁接一般采用切接法。切接的最佳时期是 2 月下旬 ~3 月中旬，也就是苗木开始萌芽的时期。4 月后砧木切口会溢出树液，成活率会有所下降。

枇杷的切接法中又分为地接和掘接两种。地接指的是在砧木种植在农田上时进行嫁接，由于嫁接后生长状况良好，所以使用范围很广。掘接法指的是要将砧木掘起嫁接，相比地接来说生长状况不佳，但优点是枝条生长密集，培育出的苗木树形紧凑。

制备接穗

选择上一年充实的春梢用作嫁接的接穗。接穗可以在嫁接当天采集。

切除叶片上的叶柄部分，保留叶基部长出的 2~3 个腋芽，将枝条全部修剪到 7~8 厘米长。临近嫁接前从接穗基部沿木质部削切下 3~4 厘米长的树皮，另一侧基部也以 45 度角切下，将其削成楔形（图 3-56）。

枝条直径大于 1.5 厘米的 3~4 年生的实生苗适合作为砧木，而且树龄越大，树干越粗的树木的生长情况越好。但是如果太粗，植株本身就会很大，很难移植。

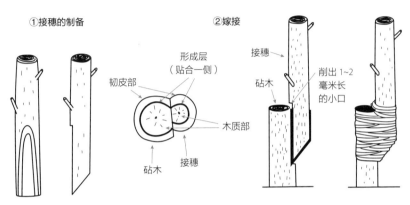

图 3-56　切接法（中井 供图）

嫁接操作

将砧木在离地面约 10 厘米处切断，接着从切面沿着形成层垂直向下切入 3 厘米左右，再将先前制备的接穗插入，使接穗与砧木的形成层贴合。

为防止嫁接处干燥，要用绑条仔细缠绕，加以固定。

枇杷的木质部较为坚硬，要想提高成活率，重点是使用锐利的小刀，操作要迅速。

◎ 嫁接后的护理

地接得到的苗木可以直接培养，掘接时则要将其临时移植到 20 厘米高的田埂上，株距为 30 厘米。充分浇水，使根部与土壤相贴合，其后铺上地膜或干草以防止干燥并预防杂草长出，再适当浇水。

如果成活，大约过 1 个月就会发芽。当接穗上的新梢长 5~6 厘米时，只留下 1 根，剪去其余新梢。而砧木上长出的新梢（砧芽）一旦发现就要立刻削去。确认嫁接处的愈合状况后，秋季完全取下绑条。等到第二年春季，用于定植的苗木就制成了。

◎ 用营养钵育苗制备大小相同的大苗

这是一种可以生产大小相同、成品率高的苗壮苗木，并有效防止定植时的损伤的方法。在直径为 20 厘米、深 25 厘米左右的营养钵中加入混有树皮的堆肥等有助于改良土壤的肥料，在营养钵里播种或定植小苗，进行避雨栽培，培养 3~4 年。

在砧木直径超过 1.5 厘米时进行切接（图 3-57）。如果成活，1 年后就得到了苗木。嫁接后用塑料袋覆盖 3~4 周，可以加快发芽，提高成活率（图 3-58）。

图 3-57　完成切接的钵苗

图 3-58　用塑料袋覆盖嫁接处

（八幡茂木）

蓝莓、树莓、醋栗类

蓝莓采用的是可以简单大量生产的扦插法，而树莓和醋栗类则主要采用分株、压条、根插法。

◎ 蓝莓

通过硬枝扦插进行繁育

北高丛蓝莓的主要繁育方法是硬枝扦插，也可以通过嫩枝扦插繁育；在蓝莓的主要产地美国，兔眼蓝莓常用嫩枝扦插繁育，硬枝扦插也可以获得较高生根率。

接穗的采取与贮藏

硬枝扦插当中，可以将接穗贮藏后再使用，也可以早春（发芽前）采取后立即扦插。

蓝莓种类不同，打破休眠必要的低温要求也不同，因此在室温等条件下进行早期扦插时，需要注意接穗的采取及扦插时期。一般来说，如果将冬季采取的接穗装进塑料袋密封并贮藏在 1~5℃的冰箱里，春季扦插时期来临前就可以打破休眠。

接穗的配制

使用尖端充实的一年生枝条，最合适的直径是比一次性筷子稍细一些。剪去有花芽的尖端，切至 12~15 厘米长（参考第 2 章的图 2-5、图 2-7）。在接穗芽的上下被称为叶痕的部位分布着许多分生组织细胞，容易形成根原基，因此要在芽的下方横切一刀。使用嫁接刀从基部倾斜反向切下 1~2 厘米长，促成愈伤组织形成。此时要注意切勿切下芽。

扦插操作

蓝莓的扦插需保证土壤有良好的酸性与透气性，适合用 pH 为 4.5~5.5 的土壤。一般使用混有泥炭土和鹿沼土的土壤，混入比例为 30%~50%。如果只加泥炭土，就更易使湿度增加。要用新鲜土壤，预防植物病虫害。

使用宽 30~50 厘米、深 12~15 厘米的塑料育苗箱扦插比较方便（图 3-59）。

蓝莓的硬枝扦插中，使用生根促进剂往往收效甚微。插穗发芽前，除去有病害症状的接穗后，将贮藏好的接穗放入水桶中吸水 1 小时左右以后再进行扦插。

插穗间距设置为 5 厘米 ×7 厘米左右，将插穗的 2/3 埋入土中，保证 1~2 个芽露出地面。扦插后立即充分浇水，使其与土壤紧密贴合。育苗箱要摆放在有光照的地方，在保证底部排水的基础上定期浇水、洒水以防止干燥。

发芽、生根管理

从接穗长出 2~3 个芽，新梢长至 5~10 厘米后就停止生长。不久后，处于地下的基部开始产生根原基，扦插后的第 60~80 天开始生根。一旦开始生根，就要控制浇水。开始生根后停止生长的新梢尖端就会再次长出新芽。当育苗箱中 60% 以上的插穗都发出新芽时，就可以判断几乎所有的插穗都已生根（图 3-60）。

生根后要保持通风良好，施用缓效性肥料和液体肥料等有助于促进生长。蓝莓的根被称为没有根毛的纤维状细根，它们对肥料浓度极为敏感。因此，将市面上的液体肥料和硫酸铵配成 0.2% 的溶液，每箱喷洒 100~200 毫升，会有很好的效果，但如果浓度不对，就可能导致所有插穗死亡。简易安全的施肥法是向每箱插穗中分散加入十几粒缓效性固体肥料 (氮、磷酸、钾含量均为 5%~10%)。

上盆

扦插后 70~80 天时，确认生根状态后就开始上盆了，也可以让其在育苗箱中过冬，第二年春季发芽前上盆。生根后的苗木要用泥炭土和鹿沼土以 7:3 混合的土

图 3-59　蓝莓硬枝扦插（育苗箱扦插）时苗木的生长情况

图 3-60　蓝莓扦插过程中的生根情况

壤，在 10.5~12 厘米高的塑料盆里培育。此时使用的肥料与插床上相同，都是缓效性固体肥料。

通过嫩枝扦插进行繁育

接穗的采取

相比硬枝扦插，嫩枝扦插能在更短期间内生根。为了在夏季作用旺盛的时期连着叶片一起扦插，最好在设有喷雾装置的设施内或遮光条件下用密闭扦插繁育的技术。

6 月下旬 ~7 月上旬新梢第一次停止生长，在这一时期从顶端变硬的枝条上采取插穗。插穗尖端的芽即将停止生长的新梢最好，采取时期过早容易使其枯萎，过迟会影响生出的根的质量。此外，在二次生长开始后采取的插穗生根情况也很好。

扦插操作

在插穗的新梢顶端剪下 5~6 节，浸在装满水的水桶里。之后立即去除基部的叶片，只留下顶端的 2~3 片叶。要将较大的叶片切去一半。用锐利的小刀将插穗基部破碎的组织去除。

对于使用的土壤、插床与硬枝扦插时相同。在插床上开孔并将插穗的 1/2~2/3 插入其中。间距设置为长、宽各 5 厘米左右，埋土时注意，接穗基部和插床之间不要留空隙。

嫩枝扦插后的 4~7 周就会生根，因此要和硬枝扦插一样，将其移植进花盆，培育苗木。

通过不定芽压条进行繁育

蓝莓植株的基部会长出的新梢，其中从地下部分长出的称为"不定芽（修剪过后长出的新芽）"。兔眼蓝莓品种容易长出不定芽，而北高丛蓝莓种类长出的不定芽较少。兔眼蓝莓类的地下茎（根茎）开始生长后，具有从距离植株较远的地方产生不定芽并扩散的性质。可以用这些不定芽进行压条繁育，或切下根茎本身用于繁育。如果是从幼树上长出的不定芽，可以用铲子将其从生长部位附近挖出，保留根系，用作定植的苗木。

◎ 树莓、醋栗类

树莓类的压条与扦插

树莓类的生长特性因品种而异，红树莓属于直立性，培育成灌木状；而黑树莓、紫树莓、黑莓、罗甘莓等则属于半蔓性或蔓性，枝头下垂呈拱形。

红树莓的地下茎会产生很多不定芽，落叶后将它们挖出，用作幼苗（图3-61）。蔓性或半蔓性的树莓类的地下茎和球茎不如红树莓生长旺盛，因此在垂下的枝条上堆土，用压条法让其生根，落叶后再分离出来用作幼苗（图3-62）。

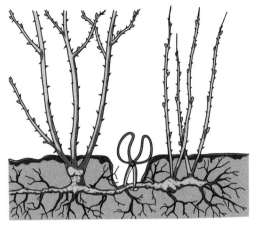

图 3-61　利用红树莓不定芽的压条法

此外，即使在树莓类的休眠期内扦插，生根状况依然不乐观，因此大量繁育时应采用根插法。在枝条的休眠期内挖出根系，切成长10厘米左右的枝段，用于后续扦插。插床适合用通气性好的砂土和火山灰土，不适合用通气性和排水差的黏质土。

露天扦插时，将土壤细耕后堆成15厘米高的插床，重要的是扦插时不要弄错根的上下位置。根插后，与其他果树的扦插管理相同，要在判断插床干燥程度的同时做好浇水和杂草防治工作，生根后施肥以促进生长。

醋栗类的压条与扦插

醋栗类分为欧洲醋栗和美洲醋栗两种类型，可以用扦插、压条、分株法繁育，但是欧洲醋栗扦插的生根状况不佳，因此适合采用压条或分株法繁育。

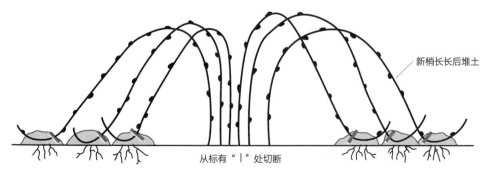

新梢长长后堆土

从标有"｜"处切断

图 3-62　黑树莓等品种的压条

根据日本北海道农业改良普及协会中岛二三一《北国的小果树栽培》第 146 页改编

压条的方法有两种，一种是将植株上生长的 1~2 年生的枝条压倒横放，在枝条顶端堆土使其生根（图 3-62），另一种是在从压倒的枝条长出的几根新梢上堆土。不论哪种方法，将生根的新梢剪除都可以长成苗木。还有一种方法是秋季将枝条修剪至地表部，在第二年春季长出的多条新梢上堆土培育苗木。堆土等的具体方法详见第 36 页。

分株指在落叶的休眠期连根挖出植株的外侧，得到苗木的方法。

美洲醋栗的繁育

通过对美洲醋栗扦插可以促进生根。硬枝扦插当中，要在春季发芽前剪下充实的新梢用作插穗。也可以将休眠期采取的插穗密封在塑料袋或保鲜袋中，在 0~5℃下冷藏。露天扦插时，制作高约 15 厘米的插床并覆盖黑色地膜以预防杂草生出。切下长 15~20 厘米且带有 3 个芽的插穗，用锐利的嫁接刀斜切基部，除去破碎的组织，以 10 厘米左右的间距种下插穗，注意将插穗的 2/3 埋进插床中。扦插后适度浇水，不要使其过于潮湿。管理育苗箱扦插的方法参见蓝莓的扦插方法。

红醋栗的繁育

红醋栗也可以通过扦插、压条和分株繁育，红醋栗与黑醋栗都可以通过扦插改善生根状况。

培育大苗适合用分株和压条法。压条、扦插法请参照前文醋栗的部分，但红醋栗发芽更早，从深秋至冬季采取休眠枝，密封在塑料袋或保鲜袋中，在 0~5℃下冷藏，防止干燥，同时不要让其发芽。对于醋栗和红醋栗，重要的是制备插穗时要剪去花芽再使用。

（小池洋男）

柑橘类

◎ 用实生苗培育砧木

种子的准备及播种

采种与贮藏

在果实黄化成熟的 10 月采集用作砧木的枳的种子。充分水洗从果实中取出的种子，去除种皮的黏液，在阴凉处晾干表面后放入冰箱保存。

播种与管理

播种适宜在 2 月下旬~3 月中旬进行，播种 1 个月前堆肥或播撒鸡粪，中耕后堆起条形田埂。播种时采取条播，间距约为 3 厘米，轻轻覆土后浇水。枳具有多胚性，能从 1 粒种子中萌发 2~3 个芽，对于生长状况不佳或枝叶形状不同于其他的枝条要尽早疏苗。

苗圃定植管理

第二年 3 月中下旬，将经过 1 年培育的枳定植到苗圃。苗圃在定植约 1 个月前每 100 米^2 需添加苦土石灰约 3 千克、钙镁磷肥约 1 千克、堆肥约 15 千克，进行中耕，保证定植前土壤肥沃。

定植时，除去生长状况不佳的枝条和与地面接触的地方有弯曲的根系，以 15 厘米左右的株距定植。为方便除草和嫁接操作，田埂之间的通道宽度需留足约 80 厘米。

定植后的管理包括浇水、施肥、除草、防治病虫害等。施肥量以每 100 米^2 施氮肥 5 千克、磷肥 3 千克、钾肥 3 千克为标准，每年施 4~5 次有机肥。

◎ 嫁接的实际操作

嫁接方法分为秋季的芽接（8 月下旬~9 月上旬）、腹接（9 月中旬~10 月上旬），以及春季的切接（4 月中下旬）、腹接（4 月上旬~5 月中旬）。本节主要围绕腹接与切接进行说明。

接穗的采取与贮藏

采穗的时期

嫁接方法不同，采穗时期也不同，秋季的芽接和腹接最适合在嫁接当天或前一天采穗，而春季的切接和腹接最适合在 3 月中下旬采穗，贮藏后使用。

接穗的贮藏方法

贮藏接穗时，先简单剪下采取后枝条上的叶片，再用绳子绑好一定数量的接穗后装入塑料袋，放在温度变化较小的阴暗处保存。为防止过于潮湿等伤害，每隔 3~4 天要将塑料袋打开通风 1 次。

腹接操作

接穗的切削方法

有芽的一面是相对于嫁接结合处的外侧，这一面的切削方法是：朝枝条基部呈 30 度角直接切入（图 3-63 ①）。反面和砧木贴合（砧木一侧），切削时垂直切入，切下薄薄的一层，使形成层充分暴露（图 3-63 ②）。并且，将接穗的芽数控制在 1~2 个。

砧木的切削方法

腹接中，嫁接时不要切除砧木的上部，从离地 3 厘米高的地方倾斜向下切入，深度直达木质部，此时要注意小刀的角度，不要嵌入木质部过深，切口长度控制在约 1.5 厘米，使其暴露出更多的形成层。

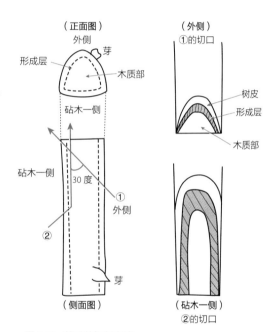

图 3-63　接穗的切削方法

插入接穗，捆绑接穗

将接穗削薄的一面紧贴砧木用力插入。如果砧木与接穗直径一致，也可以插到砧木切口部位的中心，如果接穗比砧木细，要比较两者的形成层，贴合任意一边的形成层。

插入接穗后，从下向上缠绕用于嫁接的塑料制绑条（图 3-64）。为了提高贴合度、防止雨水浸入，要捆紧接穗的基部及其上方部位，但接穗的尖端不能缠绕太紧。

春季管理

秋季进行嫁接的接穗当年不发芽，第二年春季才发芽，将已经确认成活的接穗保留到第二年春季。临近发芽时拆掉绑条，在接穗的正上方切除砧木，并且在切口处涂抹促进愈合的助长剂。

春季进行腹接时，确认成活后要切除砧木，但保留绑条，待9月接穗与砧木都完全成活后再解开。

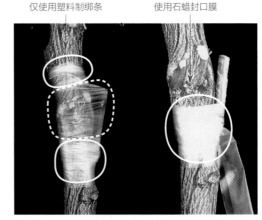

仅使用塑料制绑条　　使用石蜡封口膜

图3-64　腹接时缠绕绑条的方法
实线部分要绑紧，虚线部分轻轻缠绕

切接操作

接穗的切削方法

用剪枝剪剪下带有约2个芽的接穗，切削顺序、方法与腹接基本相同，然而从芽的对侧，即与砧木的接合的一面切削时与腹接有所不同。具体来说，为了使暴露出的形成层更宽且与树皮平行，控制切口深度恰好到木质部，平滑切削，切得稍长一些，保证切削面处的断面略长于砧木的断面，这样有利于接穗与砧木更好地长在一起。

砧木的切削方法

切削砧木前刨去地表周围的土壤，在离地3~4厘米高处剪切砧木。切入砧木时，为了使形成层的位置更加清楚，从切口面的上方斜切一刀（图3-65①），切下三角部分，接着用小刀从形成层和木质部的分界处略微靠近木质部的位置，垂直向下切入2~3厘米（图3-65②）。

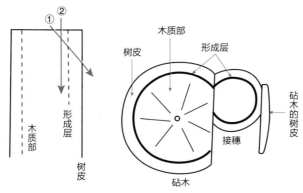

图3-65　切接时切削砧木、插入接穗的方法

接穗的插入与绑扎

砧木与接穗都暴露出了左右 2 条形成层，要保证其中 1 条形成层相互贴合，将接穗插入砧木（图 3-65右）。插入接穗后，为了固定接穗与砧木，用绑条缠绕 2~3 圈（图 3-66）。关于绑扎的松紧程度，以拉不出接穗为宜，不必绑得太紧。

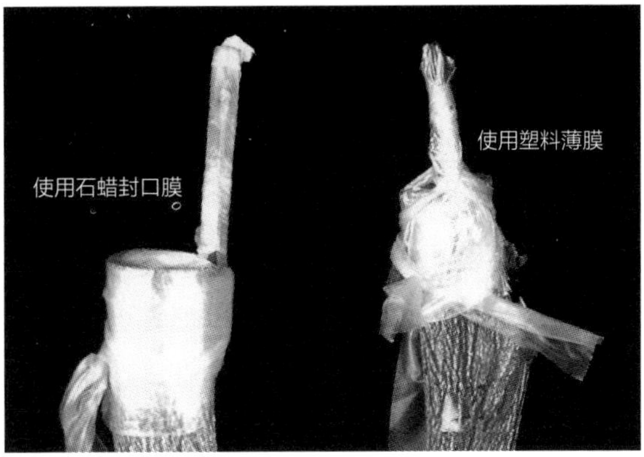

防止接穗干燥

图 3-66　切接时插入接穗、绑扎绑条的方法

接穗干燥会对成活情况及芽的生长造成不良影响，因此需要用 0.01 毫米厚的塑料薄膜缠绕，或用小的塑料袋将其盖住，以防止干燥。

现在经常用具有伸缩性的石蜡封口膜代替塑料薄膜，但插入接穗前，要拉伸石蜡封口膜并将其包裹在接穗周围。

嫁接后的护理

枝梢管理

4 月下旬起，接穗上会长出几个新芽，选择生长最佳的 1 个使其生长，抹除其他的芽。如果不及时修剪砧木芽并对接穗进行抹芽，就会对新梢的生长产生不良影响，因此必须尽早处理。为了培育出充实的优良苗木，早期摘心与抹芽，只保留 1 个新芽非常重要。春芽长出 8~10 片叶、长约 10 厘米，夏芽长出 10~20 片叶、长约 40 厘米时是最适宜抹芽的时期。

施肥管理

一年施肥量：按成分来看，每 100 米 ^{2} 施氮肥 8 千克、磷肥 4 千克、钾肥 4 千克左右，3 月下旬 ~10 月中旬共施肥约 10 次。

此外，也可以根据情况浇水，并使用稀释至 400~500 倍的硫酸铵溶液，或者使用含有微量元素的液体肥料，同时防治病虫害。

病虫害防治

最需要注意的是柑橘潜叶蛾（画图虫）。发生这种虫害不仅会严重阻碍苗木的生长，而且还是诱发溃疡病的重要原因。溃疡病多发于 5 月中下旬 ~9 月中下旬，其中在芽生长旺盛的时期特别严重，做好防治工作是必要的。

除溃疡病之外，还要防治蚜虫类、柑橘害螨、凤蝶幼虫等，需要尽早应对，比如进行药剂防治或杀虫。

◎ 高接法更新的实际操作

制备接穗

高接法更新当中，对砧木（预备更新的树木）同时实行腹接和切接法。接穗的选择、采取时期及贮藏方法请参考前文通过嫁接培育苗木的方法（第 87 页）。

高接法更新需要大量接穗。如果嵌接 1 个芽，每千克接穗可采集的份数为 700~1000 份，嵌接 2 个芽则为 400~500 份。每 1000 米^{2}所需接穗的数量一般为：单芽嵌接需要 3~4 千克，双芽嵌接则需要 5~8 千克。

大量使用接穗时，要提前准备并保存，这样能大幅提高工作效率。将接穗包裹在略微打湿的毛巾里，放进塑料袋，在阴暗处贮藏 2 周左右就完全能使用了。嫁接时期是春季和秋季，但考虑到嫁接的简便性和嫁接后的寒流影响，一般在春季嫁接更好，3 月下旬 ~5 月上旬最为适宜。

整理砧木

用高接法更新是整理混乱树形的良好机会，除主枝和亚主枝这种基本骨架枝之外，不留过多枝条，对与主枝、亚主枝竞争的粗枝和阻碍嫁接的细小枝条进行疏除。但是，为了将修剪对浅地层的须根造成的影响控制在最小限度，可在树冠下部和枝条末端留下几处着叶数为 50~100 片的细小枝条作为辅养枝，这是保护须根行之有效的方法。

并且，关于主枝候补和亚主枝候补的尖端有两种处理方式。

用切接法处理其尖端时，为方便嫁接后的管理和小型树冠的形成，最好在树木最高点以下约 1.5 米处切除主枝候补枝，1 米以下的位置切除亚主枝候补枝。仅靠腹接法换新时，不要从中间切断枝条，保留主枝和亚主枝的尖端作为保护须根的辅养枝。剩余枝条可以用作牵引的支柱，这是一种省力管理的有效方法。

腹接操作

嫁接方法

基本操作方法见第 87 页。如图 3-67 所示，横枝切入砧木的位置是其上侧，纵枝则要将希望延长的面作为切面，左右交替间隔约 25 厘米。

并且每株树上的切口数量基本为树龄的 2~2.5 倍。

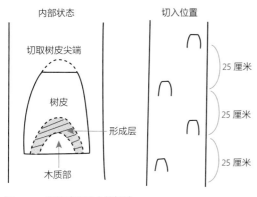

内部状态　　　切入位置

切取树皮尖端

树皮

形成层

木质部

25 厘米

25 厘米

25 厘米

图 3-67　腹接法里砧木的切法

缠绕绑条的方法

从枝条基部开始向尖端缠绕。对于接穗基部，要紧紧缠绕 4~5 圈，而接穗中央部位到尖端要轻轻缠绕 1 圈，这是为了使芽生长时更容易展开，并且避免出现接穗基部和砧木接触不良的情况。另外，为了防止雨水渗入，对于接穗部位以上的砧木部分要缠绕得很紧，但如果枝条全部缠上绑条，会因为过湿引起树皮破损，所以接穗与接穗之间不要缠得太紧，以便树皮生长。

嫁接后的护理

嫁接后及成活后生长期的管理如图 3-68 所示。

防止砧木损伤

为了防止树皮温度上升及晒伤，可以用刷子从根部到主干，以及对主枝、亚主枝

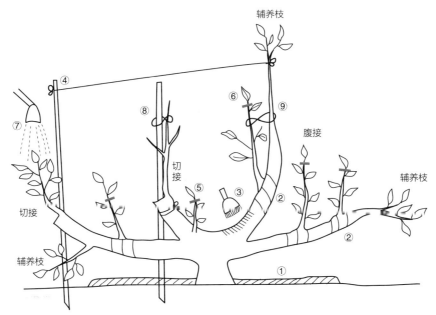

①施用有机肥，浇水　②缠绕绑条　③涂白　④布置防鸟网　⑤砧芽摘心
⑥摘心、抹芽　⑦病虫害防治　⑧向支柱牵引　⑨向砧木牵引

图 3-68　高接法更新后的管理

的上方和侧面，全部用石灰乳等涂白，但是，如果将其涂抹在接穗部位的绑条上，不便于确认发芽，也不利于长出新芽，因此涂抹时要避开这些地方。

另外，也有使用接穗发芽后从砧木长出的芽（砧芽）的方法。对从粗枝上方或较大切口附近长出的几个砧木芽，在长约 10 厘米处进行摘心，可以起到遮阴或散热的作用，防止接穗晒伤和枯萎。

出芽

如果顺利成活，嫁接后 20 天左右接穗就会开始发芽。芽长 1~1.5 厘米时，在芽附近的绑条上用小刀切出一个"之"字形的切口，有助于其发芽。如果切割操作进行太早或切口太大，会导致接穗干燥，发芽后可能枯死。

并且，完全解开绑条要等接穗完全成活的 9 月以后，最好第二年春季再将其解开，以防止风吹坏接穗的基部。

摘心、疏芽与辅养枝的管理

接穗长出几个春芽后，留下生长状况良好的 1 个芽，对其他芽进行疏除。其后，新梢长 20 厘米左右时，留下 8~10 片叶，对其进行摘心。

到了 7 月，春枝会生出数根夏枝，等到夏枝长约 20 厘米时，在 8~10 片叶处对生长状况最好的 1 根枝条进行摘心，位置与春枝相同，也要保留发育不良的 1~2 根枝条，对其他枝芽疏除即可。这样一来，枝条就有强弱之分，可以防止长出重叠枝或平行枝。

嫁接时留下的辅养枝和砧芽基本在第二年春季修剪时切除，特别是如果顶端的辅养枝变得强势，就会阻碍新梢的生长，因此，在辅养枝长出超过 100 片叶的情况下，要通过剪枝适当减少叶片数量。

病虫害防治

在高接法更新的病虫害防治工作中，最为重要的防治对象就是柑橘潜叶蛾，这很大程度上决定了更新是否成功。柑橘潜叶蛾会陆续吃掉 5 月下旬 ~9 月中旬萌发并生长的嫩叶，严重阻碍新梢的发育。此外，还容易在啃咬伤痕处感染溃疡病，因此要在此时使用新烟碱类等杀虫剂彻底防治。

另外，还要注意凤蝶、蚜虫类、柑橘害螨、柑橘天牛。

施肥与土壤的管理

嫁接前一年与第二年后的施肥量以惯例为标准，但嫁接当年要减少到往常的1/3~1/2。另外，急剧伸展的枝梢叶片容易出现缺锌、缺锰的症状，生长期内最好在叶面上多次喷洒以氮为主要成分，并加入了上述微量元素的液体复合肥料。

嫁接会引起须根急剧减少，并且树冠下日照激增，土壤容易干燥。为了保护根系，使树势尽早恢复，要在树冠下撒施足量有机肥并且充分浇水。

枝条的牵引

对春枝摘心后夏枝就会急剧生长，对夏枝摘心后秋枝就会急剧生长，发育程度越高，接穗被风吹落的风险就越大。在枝条前端进行了切接等操作的地方，在萌发夏枝前后必须立好支柱，待枝叶充实后将其沿支柱捆绑牵引。

当主枝和亚主枝的前端或砧木上仍留有辅养枝时，使用这些辅养枝牵引可以大幅减轻立支柱耗费的劳力，也可以用作台风来临时的应急牵引。

嫁接第二年的管理

辅养枝的整理

如果完全保留嫁接时留下的辅养枝和砧芽，第二年春季枝条的发育就会受到抑制，因此需要在 2~3 月剪枝时将其剪除。不过，用过强枝支撑亚主枝等横向生长的枝条时，可以通过剪枝减少顶端的叶片，再将其保留 1 年。

修剪与牵引

嫁接后第一年的枝条基本都变为直立枝，如果放任不管，树冠内部的枝条会减少。同时，嫁接时经常接入过量的接穗，因此要花费 1~2 年从接穗基部起适当修剪，对于树势较强的品种，需疏除 1/4~1/3 的枝条；而对于树势弱的品种，也需要对其拥挤部分进行修剪。

此外，为了连年生产出高品质果实，充分确保主枝以外的下垂枝和水平枝生长是很重要的。自树液流动变得活跃、枝条更易弯曲的 4 月下旬~5 月，就要通过牵引保护下垂和水平枝，修整树形。

（宫田明义）

热带果树
（鳄梨、芒果、木瓜、百香果）

◎ 鳄梨

接穗的采取与贮藏

接穗的采取要在 3 月临近花芽萌发时进行。使用一年生枝条（秋枝除外），并且要选择绿色较深，叶柄基部着生有腋芽的枝条。将采取后的接穗剪去叶片，装入塑料袋，用绳子从袋口绑好，使袋内空气排出并密封，放入冰箱（5℃）贮藏，可以存放约 1 个月。

制备实生砧木与嫁接的实际操作

砧木的播种与培育

制备砧木时，要从秋季至冬季收获的果实中取出种子，用水洗净后剥下种皮，播种在牛奶盒中。

使用市面上的塑料盒（可以挤进约 40 个牛奶盒）。在牛奶盒包装底部的四个角上做出大的排水孔，先放入颗粒较大的珍珠岩，其后填入排水良好的营养土至八分满，再放上种子，用鹿沼土将种子全部覆盖。

在可用电热线加温的塑料大棚内，在电热线上覆盖土壤，再将整个塑料盒放置于其上，加温至 30℃左右熏蒸，2 周左右就会发芽。像这样持续熏蒸，约 1 个月后可以形成铅笔粗细的红色实生砧木（图 3-69）

图 3-69　用作砧木的鳄梨实生苗，临近嫁接的状态

嫁接操作

将砧木从离地 10 厘米处用安全剃刀纵向切开。将接穗保留 2 节，下部削成楔形，插入砧木中，用橡皮筋等捆扎。将接穗与砧木用石蜡封口膜缠绕覆盖（图 3-70）。嫁接完成后，将其放置在遮光率约为 50% 的塑料大棚中，温度调至 20~30℃，约 2 周过

图 3-70　鳄梨的嫁接操作
① 用安全剃刀纵切
② 准备接穗
③ 切削接穗
④ 插入接穗
⑤ 缠绕石蜡封口膜

后就会发芽。

　　如果将塑料盒放回用于砧木发芽的小型塑料大棚内，由于塑料大棚本来就能保持湿度，因此没有必要再覆盖一层石蜡封口膜。

嫁接后的护理

　　接穗发芽前，要用安全剃刀尽早削去砧木部位长出的砧芽。如果将顶部的枝条作为接穗，有时会冒出花芽，若剪去花芽，就会从花穗的中心部分长出叶芽。如果塑料大棚内的嫁接苗已经发芽，突然敞开塑料会导致新芽枯萎，所以应逐步使其适应外部空气。新芽约经过 1 个月就会变绿，此时移植到较大的花盆中，在露天环境下养护一个夏季，到了秋季就长成高于 1 米的幼苗，冬季放在防寒处，等到第二年春季 4 月以后不用担心晚霜时，就定植在外面。

◎ 芒果

接穗的采取与贮藏

　　适合选用充分变绿的枝条尖端部位，或者生长有大量芽的节作为接穗。也可以像柑橘一样剪下长枝，以每 1~2 个腋芽为一段切开，将其作为接穗，但采用这种方法会推迟发芽时间。采取芒果接穗时，先从顶芽剪下 3 节的长度作为接穗，1~2 周过后修

剪部位以下的芽渐渐饱满，此时再剪下 3 节的长度（图 3-71 ①中修剪后的芽）。如果这样操作，最好采取快要发芽的部位作为接穗。

不能迅速进行嫁接时则剪取 4~5 节的长度，除去所有叶片，装进塑料袋，用和鳄梨相同的方法贮存。芒果是热带果树，所以最好将其贮藏在 8~10℃的环境中，不建议长期贮藏。

制备实生砧木与嫁接的实际操作

砧木的播种与培育

商业种植中，砧木使用多胚品种（1 粒种子会萌发出许多幼株，因此能获得许多砧木，而这些砧木都具有相似的性质），市售的芒果果实的种子也可以用于制备砧木。从果实中取出种子，把果肉刮干净，用水冲洗。

种子外面覆盖着坚硬的外壳，要用剪枝剪等小心地取出种子，避免将其弄伤。

与鳄梨砧木的制备方法相同，用牛奶盒做成育苗盆进行播种。单胚种子只有 1 株发芽，但多胚种子会长出多株，因此等其发芽变绿后，要分开并移植到更大的花盆里，再培育 1~2 年。

嫁接操作

将大拇指粗细的实生砧木从离地 20~30 厘米处剪断并进行嫁接（切接）。将接穗保留 2 节，并斜削下方部位。再将接穗插入斜削后的砧木，使其贴合接穗的形成层，用嫁接绑条等捆绑固定（图 3-71）。将切口与接穗全部用石蜡封口膜覆盖。芒果嫁接适宜在气温偏高的时期进行，通常选在开完花的 5 月，但是盛夏时嫁接需要遮光。

图 3-71　芒果的嫁接操作
①接穗（从左到右依次为顶芽、节间长出的芽、修剪 1 周后的芽）
②插入接穗
③嫁接 1 周后的生长情况

嫁接后的护理

尽早用安全剃刀等削去接穗发芽前从砧木长出的芽。新芽长出后经过 1 个月就会变绿，随后开始二次生长。二次生长停止并且已经变绿时，将其移植进大花盆或在田间定植。

◎ 木瓜

制备实生苗与嫁接用的接穗

木瓜通常采用实生苗繁育。将果实中取出的种子用水冲洗，在阴凉处晾晒 1~2 天后播种，放置在 30℃的环境下，短期内就会发芽。发芽后进行疏苗，防止徒长。还要避免环境过于潮湿，防止其枯萎。

实生苗可以长成雌株、两性株和雄株，用于果实生产的是雌株和两性株，雄株应该除掉。木瓜的性别是通过花朵的形态来判断的。也可以对生产果实的植株顶芽进行嫁接。如果修剪优良品种的植株，会产生很多分枝（图 3-72 ①），可以将这些分枝用作接穗。

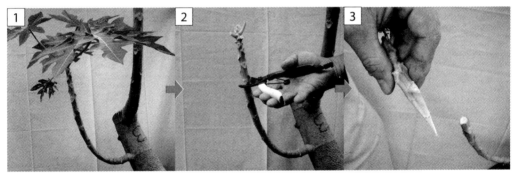

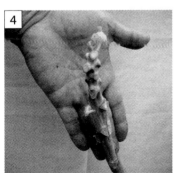

图 3-72　木瓜的嫁接操作
① 分枝（新梢）
② 接穗的采取　摘下叶片，从尖端起剪下 10~15 厘米长
③ 削成楔形
④ 插入接穗（劈接）

嫁接操作

选取直径为 2 厘米以上的砧木为宜，在离地 20 厘米左右处修剪。至于接穗，如图 3-72 所示，对预备嫁接的品种新梢，采取从尖端起 10~15 厘米长的接穗，去除叶片，用普通的切接法或劈接法，以及斜劈接法（在接穗与砧木上分别斜切相同的长度，将 2 个切口部位重合）进行嫁接。若砧木与接穗的粗细相同，采用斜劈接法；砧木更粗时采用劈接法。

嫁接时要注意，不要像对木本科的其他果树嫁接那样，将嫁接部位紧紧地捆绑在一起。为了防止嫁接后接穗干燥，要用封口膜、塑料袋、纸袋等对其进行保护。

嫁接后的护理

由于有顶端优势，一旦接穗发芽，再从嫁接部位以下发芽是不太可能的。木瓜对水分要求很高，但也经受不住过于潮湿的土壤，因此必须保持土壤排水良好。特别是在低温时，如果浇水过多会导致苗木腐烂。

◎ 百香果

制备插穗和接穗

百香果一般是采用扦插繁育，但要更新品种时，或者在发生镰刀菌引起的茎基腐病的土壤上，也会用抗性砧木进行嫁接。从没有感染病毒的健康母株采取枝条用作插穗和接穗。

扦插与嫁接的实际操作

扦插操作

扦插时期以 5~6 月为宜。扦插操作中，截取 2~3 节充实的枝条，将上半部分的叶片切除一半左右，剪去其他所有的叶片和卷须。在插穗的切口处（基部）涂抹生根促进剂十分有效。插床中采用排水良好的鹿沼土等土壤。

嫁接操作

用对茎基腐病有抗性的黄金百香果制备砧木。接穗制备方法与扦插时的插穗相同，剪去所有叶片，留下 2 节并切削基部，进行劈接、切接（图 3-73）、斜劈接等。嫁接后预防接穗干枯的措施与其他果树

图 3-73　百香果的切接

相同。

扦插与嫁接后的护理

扦插后为植物遮光，偶尔浇水以防止干枯。如果浇水过多造成湿度过大，会加速插穗的腐烂，推迟生根。插穗萌芽后，用液体肥料对叶面进行喷洒，可以有效地促进生根和后续生长。

一旦生根，应尽快上盆，并立支柱用于牵引。砧木的根部会因突然快速的修剪而衰弱，并且相比给土壤施肥，还是用液体肥料进行叶面喷洒更有效。嫁接后苗木的生长十分迅速，要时常对其牵引。

（米本仁巳）